한옥의 이해

도편수와 함께 집짓기

한옥의 이해

도편수와 함께 집짓기

초판인쇄일 | 2012년 10월 17일
초판발행일 | 2012년 10월 31일

지은이 | 박장재
펴낸곳 | 도서출판 황금알
펴낸이 | 金永馥

주간 | 김영탁
디자인실장 | 조경숙
편집제작 | 칼라박스
주 소 | 110-510 서울시 종로구 동숭동 201-14 청기와빌라2차 104호
물류센타(직송 · 반품) | 100-272 서울시 중구 필동2가 124-6 1F
전 화 | 02) 2275-9171
팩 스 | 02) 2275-9172
이메일 | tibet21@hanmail.net
홈페이지 | http://goldegg21.com
출판등록 | 2003년 03월 26일 (제300-2003-230호)

값 25,000원

ISBN 978-89-97318-27-8-13540

한옥의 이해

도편수와 함께 집짓기

박장재 지음

황금알

서문

한옥 관련 서적이나 정보들이 많아지고 있다. 이는 우리의 것, 또는 건강에 대한 관심이 높아지고 있다는 증거인데, 관심도에 비해서 한옥 건축 관련 정보들은 허술하다고 느껴진다. 이를테면 현장에서 거의 사용하지 않는 이론을 위한 용어나 물자 부족 시대의 재래식 기능으로는, 한옥 건축 기술을 단기간에 습득하고 집을 지어 보기란 어렵다. 더구나 현재 출판되고 있는 완성된 집의 사진 설명이나 기계적으로 치목되어 나오는 부재로는 한옥의 기본적 특성인 목재의 뒤틀림, 벌어짐과 상, 하, 등, 배, 안, 밖도 구분 못하고 집을 짓는 수박 겉핥기식 건축이 될 우려도 있다. 이렇듯 실제로 집짓기에 응용하지 못하고 있는 실정이니 어찌 천 년을 버티는 우리네 집을 지을 수 있겠는가.

한옥 대목 기능장의 길을 걷고 있는 나 스스로에게 조그만 책임을 다하기 위해 현장에서 일하며 틈틈이 메모했던 것들을, 기술 공유라는 생각으로 현장을 직접 보면서 현장에서 설명하는 것 같은 그런 책을 꾸미려 노력했다.

목조 부분과 더불어 벽 시공, 구들놓기, 기와잇기, 이엉엮기, 기단(돌)쌓기 등 한옥 건축의 다른 부분도 용어 해설에서 기술하기도 했지만, 나름대로 중간중간에 조금씩 다시 기술하기도 했다.

뜰에 작은 황토방 하나 짓는 것에서부터 손수 지어서 살고 싶은 한옥은 물론 전문적인 다포집까지 알기 쉽게 현장 위주의 용어와 사진을 곁들여 설명했으며, 전문적인 이론 또한 놓치지 않으려고 노력했다.

후일 더욱 유능한 기능인이 지금보다 더 나은 한옥 건축 관련 지식을 보급하기를 기대하며, 내리는 빗줄기 속으로 이 한 권의 책이 작은 시냇물을 따라 흐르다가 큰 강으로 합류하길 바라는 마음뿐이다.

2012년 9월

경남한옥학교 연구실에서 퇴고를 마치고

박 장 재

차 례

1. 한옥이란 무엇인가

한옥은 우리나라 전통 집을 말한다. 여기서 집은 사람이 생활하는 공간을 말하는데 민가, 사찰, 재실, 정자, 누각, 초가, 너와집도 포함해야 할 것이다. 한옥은 주로 나무와 흙을 사용했다. 또 다른 재료는 돌이나 짚을 사용했으며, 더러는 나무껍질이나 갈대, 혹은 대나무를 사용하기도 했다.

한옥은 어떤 구조인지, 어떤 재료를 어떻게 이용해서 지었는지 살펴보고, 곳곳에 숨어 있는 우리 선조들의 지혜 또한 깊이 있게 연구하고, 한옥 건축 세계화에도 이바지해야 할 것이다.

다른 건축물도 그렇겠지만 특히 한옥은 지형이나 기후 조건에 따라서 높낮이와 처마의 길이, 지붕의 경사 등등이 다르게 설계되어야 한다. 가령 높은 지형에 기둥을 높게 하고 처마가 짧다면 볼품없는 작품이 될 것이고, 낮은 지형에 기둥을 낮게 하고 처마가 길다면 그 또한 그럴 것이다. 비가 잦은 곳에는 처마가 길어야 하고, 눈이 많이 오는 곳에는 물매가 급해야 하는 것이 자명한 이치다.

이 모든 것을 우리 선조들은 많은 시행착오를 겪으면서 지금의 아름다운 건축물을 남기셨을 것이다. 물론 과학적인 것을 들이대어 봐도 뒤처지지 않는다.

못을 쓰지 않고 결구된 우리의 건축물이 못이나 볼트로 고정된 건축물이나 콘크리트 건축물보다 수명도 길고 지진에도 유연하다. 한꺼번에 폭삭 무너지지 않는 은근과 끈기를 가진 우리의 문화적인 장점도 있을뿐더러 친환경적으로 지어졌다.

그런 관점에서 보면 한옥은 터잡기나 주춧돌에서부터 벽이나 창호 지붕 재료까지 생각이 깊어야 하고 많은 경험을 필요로 하기에, 터를 잡을 때부터 지붕까지 실제로 일을 하면서 기록해 두었던 것들을 집짓기 순서대로 다시 정리했다. 참고 사진 또한 필자가 일했던 곳을 대부분으로 꾸몄다.

[사진 1] 제각, 또는 재실이라고 부르는 건물이다. 경남 고성읍 우산리에 있는 경모재 좌측면 전경

2. 목재의 특성

한옥은 주로 나무를 사용하는 특성상 목재의 특성을 이해하지 않으면 그 집의 가치도 없을뿐더러 수명 또한 오래가지 못한다. 그렇기 때문에 목재의 특성만 이해하고 숙지한다면 한옥 건축의 절반은 이해하고 있다고 해도 무방할 것이다. 그래서 한옥 건축에서 아주 중요한 목재 구분법을 먼저 논하고자 한다.

1) **상, 하 구분법** : 목재는 용도에 맞게 나무를 켜거나 잘라서 사용한다. 그렇기에 제재된 목재의 아래쪽(벌구)과 위쪽(말구)을 구분해야 하는데, 먼저 옹이를 보고 나무의 중심에서 밖으로 자란 가지의 각도를 보거나 결을 보기도 한다. 제일 정확한 것은 가지의 동그란 나이테를 보고 나이테 간격이 촘촘한 부분을 위쪽으로 보면 된다. 이는 사람의 인체와 같아서 사람이 선 상태에서 나무의 가지처럼 팔을 위로 뻗었다면, 어깨 부분의 주름은 촘촘할 것이고 옆구리 부분은 쭉 펴질 것이다. 논한 것처럼 목재를 상, 하 구분하지 않고 집을 세운다면 사람이 거꾸로 서 있는 격이 되기 때문이기도 하지만, 수직재의 특성상 빗물이 넓은 결을 타고 내리기 때문에 부식을 방지하는데 큰 효과가 있다.

2) **등, 배 구분법** : 나무도 사람처럼 등과 배가 있다. 등에 무거운 짐을 올려야 하는데 배에 무거운 짐을 올릴 수는 없다. 목재의 중심 쪽이 등이 되고 그 반대쪽(껍질 쪽)은 배가 되는데, 이는 목재가 마르면서 중심 쪽 변형이 많기도 하지만 가만히 놓아 두어도 등 쪽이 볼록하게 굽는다. 서술한 것처럼 등과 배를 구분하지 않고 집을 짓는다면, 특히 수평 부재는 오래 버티지 못하고 휘어져 내려앉을 것이다

[사진 2] 목재의 중심에서는 위쪽 대각으로 올라간 옹이 부분을 본다.

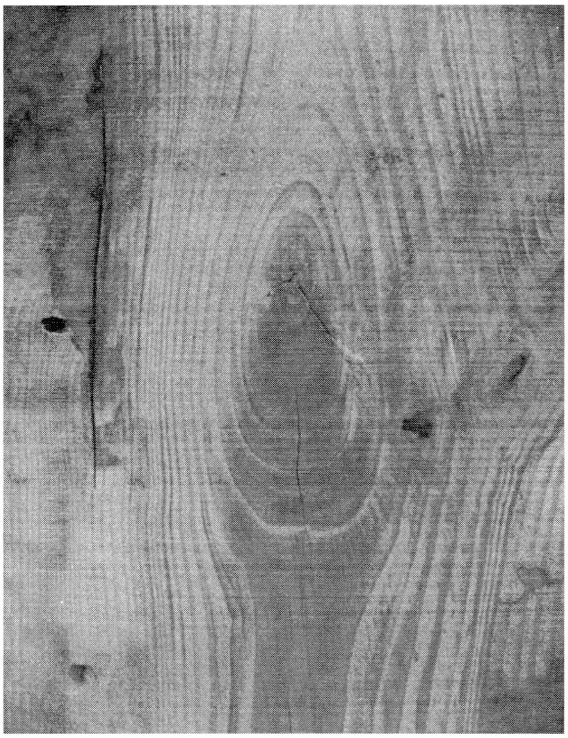

[사진 3] 나이테의 중심에서는 밑 쪽의 간격이 넓고 위쪽은 좁다.

[사진 4] 목재는 가만히 두어도 중심 쪽으로 굽는다. 사진에서 껍질이 붙어 있는 쪽이 배 부분이다.

[사진 4–1] 굽어서 자란 나무의 목재는 켠다고 해도 굽은 방향으로 굽으며, 곧은 목재는 중심 가까운 곳으로 변형(갈라진다, 휜다)이 간다.

3) 안, 밖 구분법 : 집을 세울 때는 집의 안쪽(실내 쪽)과 집의 바깥쪽(실외 쪽)이 있을 것이다. 과연 어느 부분을 안쪽으로 할 것인가. 이 또한 한옥에서 아주 중요한 부분인데, 변형이 많은 부분(등)을 안쪽으로 배치하고 반대쪽(껍질 쪽)을 밖으로 배치해야 비바람이나 햇볕에 오래 버틸 수 있고 변형 또한 적다.

일부 주장에서 목재의 등과 배를 모호하게 말하고 있는데, 불룩한 부분을 등이라고 정의한다면 외부의 영향을 배제한 상태에서 햇볕을 많이 받고 자란 부분이 자라는 속도가 빠르기 때문에 불룩하게 굽을 것이고 옹이도 많을뿐더러, 나이테 중심도 굽는 방향으로 흐르기에 불룩한 부분의 반대편으로 흐를 것이다.

먼저 곧은 나무의 직경 방향에서 본다면 가만히 두어도 나이테 중심이 쏠린 쪽으로 변형(갈라진다)이 가면서 불룩해진다. 그러므로 나이테 중심이 가까운 쪽을 등으로 보아야 한다. 그리고 목재의 길이 방향으로 보면 나이테 중심이 어디로 흐르는가에 따라서 등이 결정되는 것은 자명한 이치이다. 굽어 있는 나무를 켠다고 해도 나이테의 흐름대로 굽기 때문에 나이테 중심이 밑(배)에 있을 수도 있지만, 적도 밑에서 곧게 자란 나무라고 본다면 나이테의 중심 흐름은 곧게 뻗어 있을 것이다. 그 나무를 나이테 중심이 한 쪽으로 쏠리게 하여 바르게 재제한다면 나이테 중심 가까운 곳이 직경 방향과 길이 방향으로 변형(갈라진다, 휜다)될 것이고 불룩해지기 때문에 등이 된다 해야 할 것이다.

왜냐하면 목재의 중심 부분(속목)은 강하고 단단하지만 유연성이 떨어지고 퍼석거리는 특성이 있다. 겉목 부분은 연하고 무르지만 속목보다 유연성도 많고 질기다. 이는 막대기를 부러뜨려 보아도 어디가 유연해야 되는가를 알 수 있으므로 등, 배 구분에도 활용해야 한다. 그렇기에 살아 있는 집(한옥)과 죽어 있는 집(철근 콘크리트)의 공법은 다르다고 할 수 있다. 살아 있는 집은 보수를 할 수 있지만 죽어 있는 집은 보수보다는 부수고 다시 지어야 한다. 그래서 전통 한옥을 살아 있는 집으로 불러도 될 것이다.

[사진 5] 사진에서처럼 목재의 등 쪽을 안(실내)으로 보면 된다.

*여기서 잠깐

고려장 이야기

우리네 역사 중에서 고구려 초기 때(일종의 나라법이었지만) 풍습이 있었는데, 사람의 나이 80세가 되면 자식이 동굴을 파고 그 속에 며칠분의 식량과 함께 자기 부모를 가두었다. 그 식량이 떨어지면 자동으로 죽어야 하는 때가 있었다. 먹고 살 것도 없는 힘없는 국가, 매번 이런저런 이유로 빼앗기듯 바쳐 왔던 곡식들, 이번에는 침략의 꼬투리를 잡기 위해 또 다른 조공(처녀 3,000명)을 바쳐야 하는 문제를 사신이 가져왔다. 가져온 문제를 풀지 못하면 온 나라가 쑥대밭이 되거나 아니면 꼼짝없이 조공을 바쳐야 하는 상황. 문제인즉 아무른 옹이도 없고 결 또한 똑같은 나무(무절목)토막 하나, 어디가 위쪽인지(상, 하 구분)를 구분하여 달포 안으로 보내야 한단다. 대신들은 물론 답을 아는 사람이라고는 아무도 없어서 우왕좌왕하다가 드디어 온 나라에는 방이 붙었다. 시골의 장년 한 사람이 문제를 풀었다. 왕이 직접 물었다. 어떻게 풀었냐고. "사실 나라법을 어겼습니다. 아버님을 동굴 속에 모셔 놓고 지금까지 늦은 밤마다 아무도 모르게 봉양을 해 왔습니다. 나라에서 붙인 방을 보고 아버님께 여쭈어 보았습니다. 아버님께서 말씀하시길, 물에 띄워 보아라. 뿌리 쪽이 더 깊이 가라앉을 것이다, 말씀하셨습니다." 그 이후로 강대국들이 고구려를 깔보지 않았다. 나이든 어른들을 공경하며 그 경험적 지혜를 바탕으로 강성 대국의 꿈을 이루어 고려장이란 법은 폐지되었다는 이야기에서 목재의 상하 구분법을 만나 보았다.

4) 목재의 특질 : 목재는 썩어서 없어질 때까지 뒤틀리고(목재를 마구리에서 보면 오른쪽으로 뒤틀린다) 벌어지는(나이테의 중심 가까운 곳이 먼저 갈라진다) 특성이 있다. 그렇기 때문에 이러한 특성을 잘 이용해서 지은 집이 우리의 전통 한옥인데, 잘 짜여진 집이라면 기둥 하나쯤 뽑아 낸다고 해도 집이 내려앉지 않으며, 지진에도 아주 유연하게 버틸 수 있는 우리의 한옥이 될 것이다.

5) 구조의 배치 : 수평재로 쓴다면 어느 쪽을 어디로 배치해야 할까. 이 또한 의문이 가지 않을 수 없다. 남향의 집이라면 대들보의 뿌리 쪽(벌구) 보머리를 마당 쪽을 향하게 배치해야 할 것이고, 도리의 뿌리 쪽은 집의 동쪽 끝, 혹은 서쪽 끝으로 향하게 배치해야 할 것이다. 이는 뿌리 쪽이 강하기 때문에 바람이나 햇볕에 오래 버티기 위한 우리 선조의 지혜일 것이다.

***잠깐 퀴즈**

도편수가 목수들에게 잔소리하는 것 중에서 제일 뼈 있는 잔소리는 "3대 원수진 집 아니면 나무를 거꾸로 쓰면 안 된다."라는 말이다. 그만큼 나무의 특성을 살려서 집을 짓지 않으면 오래 버틸 수 없는 집이 된다는 말이 될 것이다. 특성을 잘 살려서 제대로 집을 짓는다면 천년 더 천년을 버틴다는 말이 될 것이다.

퀴즈 : 한옥 건축에서 등, 배를 거꾸로 쓰는 곳이 있다. 어딜까요? 답은? 이 책 안에 있습니다.

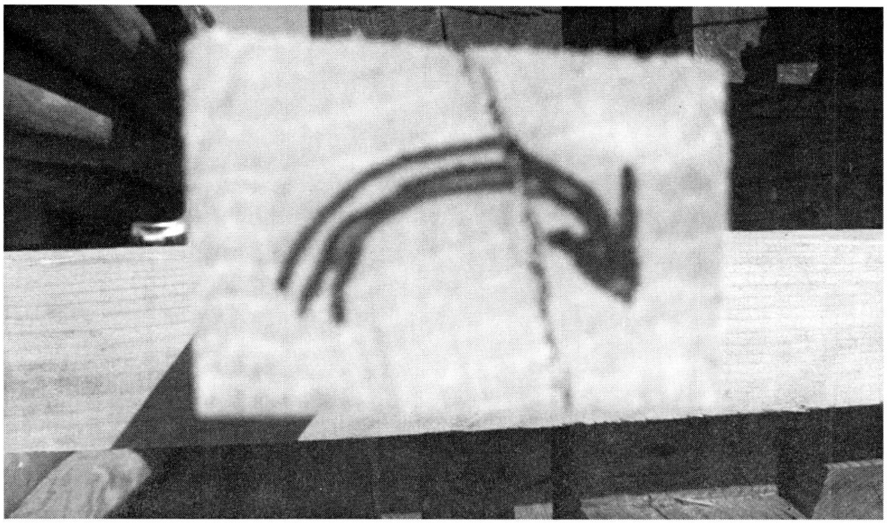

[사진 6] 마구리 쪽에서 보면 오른쪽(시계 방향)으로 돌아가는 특성이 있다.

[사진 7] 보머리와 양두, 뺄목의 벌구와 말구가 어느 방향으로 향하게 배치해야 하는가 하는 것 또한 중요한 일이다. 그리고 일부 주장에 의하면 벌목 후 말리지 않고 집을 세워야 한다고 말하는데, 이는 목재의 특성과 집 세우는 기간을 고려하지 않고 하는 말이다. 체목도 그러하지만 특히 수장재의 뒤틀림을 감당하지 못할 것이다. 젖은 나무가 잘 부러지는 특성도 모르고 하는 말이다.

3. 집터 선택

자연 동굴이 아닌 인간 생활에 알맞게 고치거나 지었다면 집이나 건축물로 보아야 할 것이며, 그때부터 인간이 생활해야 할 공간의 터잡기는 시작되었을 것이다.

집 지을 터를 선택할 때는 배산임수, 좌청룡 우백호, 남주작 북현무이면 더할 나위 없이 좋겠지만 어디 그런 터를 쉽게 구할 수 있겠는가. 그렇지만 터를 잡을 때는 지형, 채광, 풍향, 출입로, 수맥, 주위 환경, 편리성 등등을 고려하여 최소 1년(사계절) 이상을 지켜본 후 결정하는 것이 현명한 방법이며, 자연과 조화로운 곳에 선택해야 집의 수명 또한 오래 갈 것이다.

그 예를 들어 보면 풍향과 전망, 지형, 채광 등등을 고려해서 지은 팔만대장경을 보관하는 장경판전(합천), 경복궁(서울), 손씨 고가(경주), 선교장(강릉), 세병관(통영), 영남루(밀양), 촉석루(진주), 대양루(다솔사), 해월루(용화사), 만세루(선운사), 옥천사(고성) 등등 수없이 많다.

이 모든 건축물들이 하루아침에 터를 정하여 짓지 않았을 것이라는 믿음은 흙먼지와 그을음을 덮어쓰고 고건축물을 보수할 때나 지금이나 변함이 없다.

[사진 8] 천수답으로 사용하던 터를 경남한옥학교 휴게실 용도로 쓰기 위해서 석축을 쌓고 흙을 메운 상태

4. 바람직한 건축 계획

건축은 공학적인 것임과 동시에 예술적인 조형물이기에 자연 과학과 정신 과학이 조화롭게 어우러지는 그런 집을 지어야 할 것이다.

터잡기가 끝나면 건축 계획을 세워야 하는데 막연한 생각, 또는 보이기 위함보다는 먼저 쓰임새와 사용 기간을 생각하고, 주축이 되는 건물 앉을 자리와 부속 건물 앉을 자리 출입구, 창문 마당과 정원, 또는 텃밭 자리를 정하고, 공사 시작 시점과 소요 비용 등등 세부적으로 계획을 세워야 한다. 특히 생활하기 위한 집이라면 출입구와 문턱, 욕실, 주방 등등은 고령화 시대에 알맞게 설계되어야 하며, 고정관념에서 벗어나 휠체어 통로 또한 생각해야 할 것이다.

나무와 흙으로 짓는 집의 특성상 입춘쯤 시작해서 추위가 오기 전에 마무리하는 것이 좋다. 또한 손수 짓는 것이 좋겠지만 건축에 대한 지식이 부족하거나 기능 숙련도가 짧다면 믿을 수 있는 기술자, 또는 경험 많은 기능자와 의논하여 각 부문별로 맡기고 같이 일하면서 약간의 품삯을 받는 것도 괜찮은 방법이다.

집의 형태는 크게 팔작집과 맞배집으로 나눈다. 팔작집은 추녀가 있고 합각이 있는 집을 말하며, 맞배집은 추녀가 없고 박공널이 붙어 있는 집을 말한다.

[사진 9] 홍의 장군 생가 사랑채이다. 팔작집이나 맞배집이나 꾸밈은 같을 수 있으나 지붕 형태는 확연히 구분된다. 서민적인 초가 형태의 우진각 지붕(모임 지붕)은 오량 구조가 아닌 주로 3량 구조로 되어 있다. 민도리집 형식을 띠고 있지만 종도리를 내밀기하여 합각을 차리기도 한다.

[사진 9-1] 1, 2층 복층 구조의 전면 지붕 모양인데 1층 낮은 지붕은 ㄱ자로 길게 내밀기되어 있다.

[사진 9–2] 복층 구조의 지붕 모양 배면

[사진 10] 남명 선생이 강의하던 덕천서원

[사진 11] 고려시대 공신을 모신 사당

[사진 12] 부처님의 광명을 받아 불사(건축)를 시작했다는 용암사 전경

[사진 13] 이익공 구조로 짜여진 광풍루 전경

[사진 13-1] 보수 중인 초익공 누각이다. 누하주에 결구된 부재가 청방이며 그 위에 넓게 얹혀진 부재가 귀틀이다. 누각 오르는 계단은 여러 형태가 있다.

[사진 14] 김달진 시인 생가 아래채. 초가와 우진각지붕을 비교해 보면 우진각지붕 형태는 일제 강점기 때 일본식 기와를 얹은 건물에서 많이 나타나고 있다. 초가집과 추녀걸기부터 지붕 구조는 조금 다르다고 볼 수 있다.

[사진 15] 일제 시대 때 지어진 일본식 대문채. 우리 전통 솟을지붕의 형태와는 다르다. 대문채는 주로 향교나 사당 건물에서 볼 수 있다. 정면에서 보면 오른쪽 문은 사람이 들어가는 문이고 왼쪽은 나오는 문이다. 가운데 큰 문은 향사를 올릴 때 그 주체(神)가 들어오는 문으로 되어 있다. 맞배집은 박공널만 붙이기도 하고 측면에 비바람을 막아 주는 풍판을 박공널 안쪽으로 붙이기도 한다. 주로 사람이 거주하는 건물은 풍판이 없고 종교적인 건물에는 풍판이 있는 것을 보면, 종교적 목적의 건물과 민가를 구분하는 의미도 있다는 것을 짐작할 수 있다.

[사진 16] 합천에 있는 재실 솟을삼문과 사당

[사진 17] 덕천서원 사당의 삼문. 우리 고유의 한옥을 잘 표현했다. 민가에는 주로 장여받침 집 정도이다. 부연 또한 달지 않았고 종교적 건물에는 폿집 형식으로 화려하게 꾸민 것이 특징이다.

[사진 18] 홍의 장군 생가는 전형적인 한옥의 배치 형태이다. 그 외 집의 형태에서는 ㅁ자, ㄷ자 건축물이나 정자 정도로 볼 수 있다. 정자 종류에는 기둥을 4개 세운 사모정, 기둥 6개의 육모정, 기둥 8개를 세운 팔모정이 있다.

[사진 19] 정자 종류에는 경주 보문정처럼 육모정, 또는 팔모정, 그리고 사모정과 다각집이 있다. 다각집은 여러 개의 기둥에 사방으로 합각을 차린 형태의 정자. 흔하게 짓지 않는 건축물로 볼 수 있지만 근래에는 각 지방 자치 단체에서 보이기 정책 일환으로 곳곳에 세워지고 있다.

[사진 20] 삼사공원에 있는 종각 외에도 다각의 건축물은 여러 형태로 지을 수 있지만, 지형과 모든 여건이 잘 어우러지게 건축하여 아름다운 건축물로 오래도록 남겨야 할 것이다.

[사진 21] 전통 방식으로 복원한 김달진 시인의 생가 안채. 진해시 웅동에 있다.

5. 주춧돌

기초부터 기와를 잇기 전까지 집을 세우는 순서대로 저자가 직접 시공한 현장 사진도 같이 보며, 현장에서 일하면서 설명하는 것처럼 목공 부분의 전반적인 것, 즉 전통 기법을 우선으로 한다. 온고지신 형식으로 현대 기법 또한 곁들여 서술하려고 한다.

민도리집부터 폿집까지 집의 모양, 형태 이음이나 장부는 순서에서 나오는 부재에 따라 그때마다 서술할 것이다. 대패질이나 톱질, 끌질 또한 사이사이에 서술하기로 한다.

먼저 기초에 대해 알아보자. 기초의 전통 기법은 주춧돌 놓을 자리에 구덩이를 파고 잔돌과 황토, 강회를 겹겹이 다져 올리는데, 이때 집의 규모에 따라서 구덩이의 크기와 깊이는 달라져야 한다. 왜냐하면 엄청난 집의 무게를 지탱해야 하기 때문에 규모가 큰 집의 기초에는 더욱 신경을 써야 한다. 그런데 요즘은 콘크리트를 부어 기초를 하는 방법을 많이 쓰는데, 이 또한 지면 밑에 물길이 없다면 괜찮은 방법이다. 콘크리트가 부식을 한다 해도 재료가 돌가루로 되어 있어서 체적은 그대로 있기 때문이다.

[사진 22] 구덩이를 깊게 파고 황토와 잔돌로 겹겹이 다져 올려야 하나, 요즘은 주로 콘크리트 기초를 하기 때문에 여기서는 콘크리트 기초를 우선으로 논하고자 한다. 먼저 건축을 위해 주춧돌 자리에 기초를 한 후 되메우기를 하고, 그 위에 철근을 깔고 다시 바닥 콘크리트를 부어 기초가 완성되면 주춧돌을 놓아야 하는데, 주춧돌에는 크게 자연 주초와 다듬 주초가 있다. 다듬 주초에는 민다듬과 문양 다듬이 있으며, 문양은 장생을 상징하는 것에서부터 종교적인 것에 이르기까지 여러 가지가 있다. 자연 주초는 호박돌(덤벙주초)을 전통 방법으로 취급한다.

주춧돌을 놓을 때는 모든 주초의 높이가 비슷해야 하는데, 예외로 대문 출입 기둥의 주초는 다른 기둥 주초보다 낮아야 출입할 때 불편함이 없다.

모든 주초가 놓이면 각각의 주초에 십반 먹과 나이를 매기는데, 주초의 나이란 주춧돌 높낮이 수치를 말한다. 그 나이에 따라서 기둥을 세워야 집의 수평을 잡을 수 있다. 예전에는 접시에 물을 담아서 주초의 수평을 보았다고 전하기도 하는데, 요즘은 과학의 발달로 광학 기계를 사용하기도 하지만 주로 투명 호스에 물을 넣어서 사용한다.

[사진 23] 십자로 중심 먹을 놓은 상태

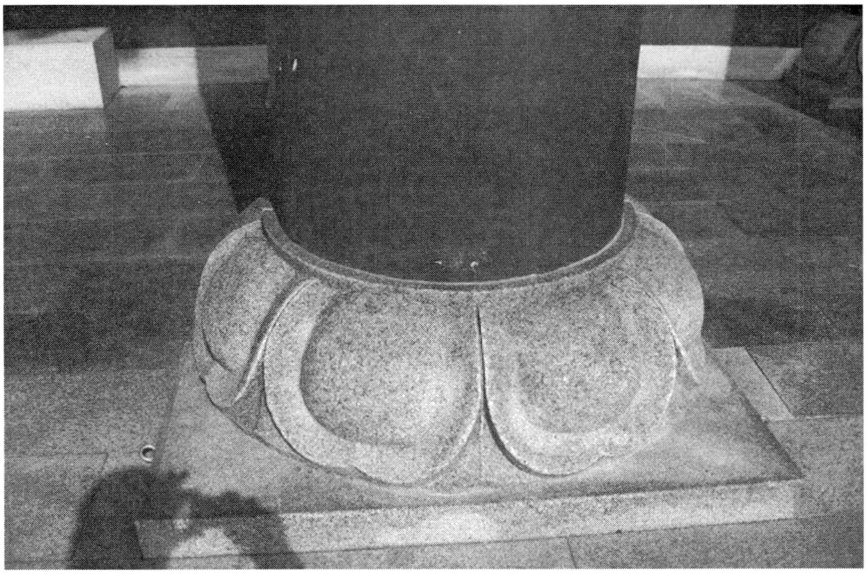

[사진 24] 문양 주춧돌에서는 주초 위에서 5푼 볼록하게 높고 기둥 나비보다 5푼 넓게 만드는 주초를 주좌가 있는 주춧돌이라고 하는데, 이는 네모기둥에는 쓰지 않으며(목재의 뒤틀림 특성 때문) 물빠짐과 멋을 위한 방법 중 하나라고 보면 된다.

[사진 25] 주춧돌 나이를 모두 매기고 주초를 완전히 놓은 상태

[사진 26] 기둥과 벽을 시공한 후의 주춧돌

6. 기둥

기둥에는 두리기둥(둥근기둥), 네모기둥, 다각기둥 등이 있고, 민흘림과 배흘림이 있다. 여기서 기둥은 어떻게 치목해야 하는지 서술하고자 한다.

먼저 집의 규모에 따라 기둥 크기를 정하고, 집의 높이에 따라 길이를 자르고, 마구리 부분에 다림(목재의 효율을 높이기 위해 네모기둥은 가장자리, 둥근기둥은 중심으로 본다)을 본 후 중심 먹과 장먹을 놓고, 큰자귀로 벌다듬을 하고, 작은 자귀 혹은 훑기대패로 고른 다듬을 한다. 요즘은 주로 체인톱과 전동대패를 많이 사용하기도 한다.

면깎기가 완료되면 마구리 부분의 중심먹을 기준으로 다시 장먹을 놓고, 상(말구)하(벌구)를 구분하여 길이를 표시하고, 기둥 위치를 표시한 후 집의 방향이나 부재에 준해 사개통을 파고 인방이 들어갈 자리도 정하여 파내야 한다.

[사진 27] 기둥을 세우고 포부재를 짜고 있는 상태

＊잠깐 쉬는 곳

나무집을 갖고 싶다면 부재가 갈라진다. 옹이가 있다고 말하지 말아야 한다. 모든 나무는 아래쪽과 위쪽, 가지와 뿌리가 있다. 마르면서 갈라지지 않는 나무는 없다. 그래서 옹이 없는 부재 또한 없고, 갈라지지 않는 부재도 없으며, 오른쪽으로 뒤틀리는 목재만의 특성(썩어서 없어질 때까지 뒤틀리고 갈라진다)이 있기에 시간이 흐르면 변형도 있다. 그렇지만 충분히 말려 목재의 특성대로 집을 세운다면 변형을 많이 줄일 수 있을 것이다.

재목은 인체와 크게 다를 바 없다. 충분히 건조된 재목이라 해도 상하, 등배, 안과 밖 구분을 하지 않은 채 집을 세운다면 그 집의 수명은 짧을 수밖에 없다. 옹이와 결을 보고 상하를 구분하고, 중심의 위치를 보고 등과 배를 구분하며, 자란 방향을 보고 안과 밖을 구분하여 집을 지어야 올바른 전통 한옥이다. 그래야 천 년, 더 천 년을 버틸 수 있을 것이다.

7. 그레질

기둥 치목이 끝나면 주춧돌 위에 기둥을 세워야 하는데, 먼저 기둥을 주초의 십반 먹에 맞춰 세우고, 다림추를 기둥면의 중심먹에 매달아 다림을 본다. 집의 규모에 따라서 안쏠림이나 귀솟음을 주기도 하며, 주초의 나이에 따라서 그레질을 한다. 그레칼은 여러 가지 있으나 수직과 수평이 조화로워야 정확한 그레질이 된다.

***잠깐 쉬는 곳**

기둥을 세우는 것을 입주라고 하는데 요즘은 거의 생략하기도 하지만, 예전에 두레로 집을 짓던 시절에는 입주식이라 하여 이웃과 음식도 나누며 집 세움을 알리기도 했다.

한옥 대목장들이 행하는 집짓기 예식을 알아보면, 처음 치목을 시작할 때는 무탈하게 집이 완성되기를 기원하는 모탕제를 올리고, 기둥 세우는 날에는 입주식을 하며, 대들보가 올라가는 날 들보식을 하고, 종도리가 올라가는 날 상량식을 행하고 있으며, 터파기를 할 때 개토제와 건물이 완공된다. 낙성식은 집주인이 하고 있다.

[사진 28] 다림을 본 후 그렝이질(그레질)을 하고 있다.

[사진 29] 그레질이 끝나면 그레질 표시대로 기둥밑둥을 자른다. 이때 주초의 윗면과 기둥의 바닥이 정확하게 맞아야 후일 집의 기울어짐이 없다. 요즘은 체인톱으로 기둥밑둥을 고르지만 십수 년 전만 해도 끌을 사용해서 바심질을 해 왔다.

[사진 30] 기둥을 세우고 버팀을 하고 하방을 조립한 상태. 기둥과 대들보, 장여, 도리가 조립(집 우리짜기)되면 각각의 기둥 간격과 다림을 본다. 도리의 결구가 일직선인지 확인하고 버팀목으로 버팀을 하는데, 이는 서까래를 걸기 전에 반드시 확인해야 한다. 그리고 버팀목은 기와잇기를 마치고 인방재를 조립할 때까지 두는 것이 집이 반듯하게 눌러앉는 데 많은 도움을 준다.

[사진 31] 그레질을 하면서 하나하나씩 세워 놓은 후 창방, 장여, 대들보 등을 조립하여 나간다. 대한민국 소나무(육송)를 최상으로 취급하는 이유 중 하나는 다른 어떤 나무보다 옹이의 분포가 고르게 되어 있고, 마르면서 송진이 안쪽으로 스며들어 단단한 관솔로 변해가기 때문이다. 겉목이 조금 부식한다 하여도 관솔 부분이 힘을 받고 있기 때문에 쉽게 내려앉지 않는 특성이 있다. 이는 고건축 보수를 많이 해 본 사람이면 알 수 있을 것이다. 기둥의 높이는 집의 용도와 크기, 지형에 따라서 결정해야 한다. 안쏠림은 집의 안정감과 벌어짐 방지를 위해서 안쪽으로 쏠리게 세우는 방법인데, 창방과 평방의 길이는 안쏠림 치수만큼 조절해야 한다. 포부재는 수직(도리와 장여의 치수는 정상적 치수)으로 짜올려야 하는데, 안쏠림 치수대로 잣대를 만들어 써야 한다.

[사진 32] 기둥을 모두 세운 상태이다. 누각의 경우에는 누하주와 누상주가 있다. 누하주는 청방(마루가 놓이는 귀틀) 밑에 세우는 기둥이며, 누상주는 그 위에 세워 지붕을 떠받치는 기둥이다.

[사진 33] 다솔사 대양루. 누하주를 세우고 귀틀 조립을 한 후 누상주를 세워 집을 짜나간다.

[사진 34] 경남한옥학교 황토방 짓기

8. 인방

그 외 기둥에 결구되는 부재는 주선과 인방이 있다. 인방과 고리받이는 기둥과 기둥 사이, 혹은 기둥과 문선 사이에 가로로 건너질러 벽을 만들기 위한 부재를 말한다. 주선은 기둥에 세워 붙이는 부재인데, 이 모두는 내부 공사(수장)에 해당한다. 그래서 집을 세우고 기와잇기를 마친 후 시공하는 것이 바람직하다.

인방은 크게 하인방, 중인방, 상인방으로 구분하는데 용도나 위치에 따라서 명칭 또한 바뀐다. 그 예로 같은 중인방이라 해도 문이 있는 곳에는 문중인방, 문상인방이라 하고 문이 없고 벽으로 된 곳은 그냥 중인방이나 상인방이라고 한다.

***잠깐 쉬는 곳**

한옥 건축에서 척수는 인체에 비유하여 사용했다고 본다. 그 예로 1장은 10척 장신이란 말이 있듯이 10자를 뜻하며 사람이 발끝에서 손끝까지 쭉 편 상태의 길이를 비유했다. 1자는 손목에서 팔꿈치까지, 1치는 손가락 한 마디, 1푼은 힘줄의 굵기, 1리는 머리카락의 굵기, 1호는 실핏줄의 굵기 등으로 필자는 구분하고 싶다. 정밀을 요구하는 현대에 맞춰서 위와 같은 십이진법을 쓰고 싶기도 하지만, 아직까지 한옥에서는 리(釐) 단위까지의 10진법을 사용하고 있다. 1장(丈)=10자, 1자(尺)=10치, 1치(寸)=10푼, 1푼(分)=10리, 1리(釐)=10호(毫). 각 시대별 1자의 길이는 조금씩 달랐지만(고구려척, 영조척, 주척, 당척, 등등) 현재는 미터법으로 환산하면 1자(尺)=30.3센티가 된다.

[사진 35] 솟을삼문의 월방이다. 하인방 중에서 대문이나 정주간 곳간처럼 신을 벗지 않고 출입해야 하는 곳에는 넘나들기 용이하도록 월방을 설치하기도 한다. 이때 낮은 협문에는 머리받음 방지, 혹은 멋을 위해서 상인방 대신 홍예방을 설치하기도 한다.

여기서 인방 치목 방법을 알아보면 인방재는 벽 설치를 위해 보통 각재를 쓴다. 이 또한 치목할 때 다림을 보아야 뒤틀림을 잡을 수 있다. 치목 후 집 세우는 기간이 오래 남았다면 반대 뒤틀림(뇌지리)을 줘서 깎는 방법도 있다. 이는 오랜 경험을 필요로 하며 주로 포부재를 깎을 때 많이 사용하는 방법이다.

크기와 길이가 결정되면 기둥에 꽂히거나 세우는 인방과 주선 부분에는 쌍갈맞춤(양가름장)을 하고, 고리받이와 문선이 붙는 부분, 또는 문선의 아래위 하방과 문중방이 붙는 부분에도 반닫이장부(일자촉)를 넣는다. 이때 상하, 그리고 등과 배, 안과 밖을 구분하여 먹을 매기지 않으면 나무집의 수명과 가치를 잃게 된다.

[사진 36] 측면 부분을 보면서 다시 정리하면 기둥에 세로로 붙어 있는 부재가 주선이다. 출입문 중간 부분에 가로로 짧게 걸린 부재가 고리받이(문을 열었을 때 문고리가 닿아서 벽이 상하지 않게 하며 문설주를 잡아 주는 부재)이며, 그 옆의 기둥과 기둥 사이를 바로 건너지른 부재가 인방이다. 주춧돌 위에서 가로지른 부재가 하인방, 중간에 있는 것이 중인방, 위쪽이 상인방이다. 문 앞에 디딤돌도 보인다. 하인방 밑에는 대청마루의 환기구도 보이고, 상인방 위에 창방과 화반도 보이고, 문에는 돌쩌귀와 문고리 격자문의 궁판(착고)도 보인다.

9. 창방

기둥세우기를 마치면 상인방과 창방을 끼우고 주두를 얹어야 한다. 상인방은 양가름장 없이 통넣기로 내리결구해도 무방하다. 창방은 보아지(초익공, 또는 안초공=폿집 때)와 교차하여 끼운다. 창방을 넓게 쓸 경우(초익공집 이상)에는 기둥에 싸임을 주고 보아지까지 주먹장으로 결구하지만, 창방을 좁게 쓰면 싸임을 생략하기도 한다.

[사진 37] 상인방, 보아지(익공), 창방, 주두가 결구되어 있는 상태. 창방은 기둥에 싸임을 주고, 주먹장부를 넣는 방식과 보아지(초익공)에 촉을 넣는 방식이 있다. 보아지에 주먹장으로 결구하는 것은 남부 지방의 방식이며, 기둥에 주먹장을 넣는 방식은 중부 지방 방식이다. 또 다른 부재 도리의 결구에도 통내리 주먹장은 남부 지방 방식이고, 나비장 이음은 중부 지방 방식이다. 저자의 생각은 남부 지방의 방법이 더욱 견고한 짜임이라고 본다.

[사진 38] 창방은 기둥에 싸임을 주는 것이 좋다. 큰 부재의 창방 치목은 양쪽 기둥에 결구되는 부분에는 일정하게 깎지만, 가운데 부분의 안과 바깥을 볼록하게 치목하면 더욱 멋있는 집이 될 것이다. 초익공과 창방 조립이 끝나면 주두가 짜여진다. 대들보를 올리고 장여를 결구하기 전에 소로나 소로 방막이를 설치해야 한다. 이익공집이면 주두에 이익공과 두공이 짜여지고 재주두를 올린 후 대들보를 얹는다. 출목이 있을 때에는 이익공과 두공첨차, 이익공과 행공첨차를 결구한다. 재주두와 긴 네갈소로를 올리고 대들보를 올려 화반과 소로를 설치한 후 대들보와 대들보 사이에 장여를 결구한다.

주두와 소로는 운두 부분과 굽 부분으로 구분한다. 주두를 대접받침으로 부르기도 하지만, 기둥 위에 있는 것은 주두라고 부른다. 빗굽주두, 오금굽주두, 네모주두, 육모주두, 팔모주두, 둥근주두, 재주두, 굽받침주두 등등이 있다. 화반에는 복화반, 장화반, 솟을화반, 네모화반, 둥근화반, 귀면화반, 삼소로화반 등등 종류가 다양하다. 소로 또한 빗굽소로, 오금소로, 굽받침소로, 대접소로, 팔모소로 등등 다양하다. 갈의 모양에 따라 평소로, 네갈소로, 세갈소로, 양갈소로, 육갈소로, 옆갈소로, 쌍갈소로 등등 이름이 많다. 폿집을 꾸밀 때는 창방에 촉을 심고 그 위에 평방을 올린다. 평방은 주먹장이음, 또는 귓기둥에는 반턱연귀이음으로 결구하는 것이 원칙이다.

[사진 39] 1출목 이익공집에서 주심과 출목, 오량, 뜬창방과 장여까지 결구하고 도리를 얹기 직전의 상태

[사진 40] 고건축에서 드물게 볼 수 있는 촛가지(창방 뺄목)를 쌍으로 조각한 초익공집의 형태

10. 화반 및 소로

소로는 장여의 두께에 따라서 치목하되 양쪽의 소로턱이 1치 이상 남아야 한다. 소로의 높이는 주두의 높이를 감안해서 굽이나 운두 또한 주두 갈의 높이에 따라서 결정된다. 소로의 모양은 크게 빗굽소로, 오금굽소로, 대접소로 등으로 구분한다. 소로 갈을 파낼 때는 나무심 쪽을 파내야 갈라짐이 적다. 용도에 따라 옆갈, 네갈, 양갈 등등 갈의 모양은 다양하다. 반쪽으로 붙이는 쪽소로는 소로수장집에서 쓰인다. 소로는 창방 위에서 장여를 받치는 작은 부재이다.

소로방막이는 소로와 소로 사이를 막는 부재. 창방과 장여 사이에 끼워 움직이지 않고, 바람 또한 막아야 하기에 창방과 장여에 소로방막이 부재의 두께만큼 홈을 파는 것이 좋다.

화반은 이익공집에서 볼 수 있는 소로와 동일한 역할의 부재로 창방 위에서 장여를 받친다. 두공첨차의 높이를 감안하여 높이를 결정한다. 모양은 복화반, 솟을화반, 장화반, 네모화반, 운공화반, 원형화반 등이 있다.

[사진 41] 1칸으로 된 이익공집인데 합각까지 지붕 결구를 마친 상태

[사진 42] 정면 기둥 사이 위쪽, 회벽 사이에 있는 것이 화반이다.

[사진 43] 내부 불단과 운각을 설치 중인데, 벽 쪽의 네모진 작은 접시 모양으로 5개씩 보이는 것이 소로라고 하는 것이다. 기둥을 세우고 보아지(초익공)를 끼운 다음 창방과 주두를 조립한 후, 대들보를 올리고 장여를 조립하기 전에 간격을 맞춰서 소로를 올려놓고 장여를 조립한다. 이때 소로방막이를 설치한다면 소로와 함께 장여 조립 전에 시공해야 한다.

[사진 44] 초익공집에서 장여 결구를 위해 창방 위에 소로를 얹어 놓은 상태

11. 주두

주두는 기둥의 머리라는 말인데 굽 부분과 운두 부분으로 구분한다. 폿집은 평방의 크기와 집 규모, 첨차의 길이에 따라서 크기와 높이를 결정한다. 익공집에는 기둥의 크기와 대들보의 크기를 참고하여 크기, 굽의 높이, 운두 높이를 결정한다. +자, 외갈, 빗갈 등 갈은 부재가 결구될 깊이(통상 2치)로 목재 심통이 있는 쪽으로 파내야 한다.

[사진 45] 초익공집에서 주두결구를 하기 전 기둥 창방 보아지의 결구 상태(변형의 중부 지방 방법)

12. 보아지

대들보의 가느다란 모가지를 보강하는 재료로 장여 받침집에서는 기둥 위에서 장여와 결구되고, 익공집에서는 창방과 결구되며, 폿집에서는 살미첨차가 대신하기도 한다.

[사진 46] 대들보 중간에 세우는 간주의 보아지는 사절하는 방법과 문양과 형태를 조각하는 방법이 있다.

종교 용도의 익공집 보아지는 통상 쇠서를 수서(끝이 아래로 향함)로 조각하고, 민가의 보아지 외부는 보머리와 같은 길이로 직절하고, 내부는 외부 길이의 절반 정도로 사절하는 것이 무난하다.

[사진 47] 이익공 일출목 귓기둥 구조

13. 장여받침집

장여받침집은 평범한 민가의 형식이다. 장여받침집 대문간에는 간혹 소로수장을 하기도 한다. 주로 네모기둥과 납도리를 쓰며 부연은 달지 않는다. 보머리나 보아지 또한 꾸미지 않는다. 바깥쪽은 반듯하게 끊고, 안쪽은 빗끊기로 처리한다.

[사진 48] 집우리짜기를 보면 대개 오량 구조가 많으나 3량(우진각) 집에서 까치박공을 올린 집도 더러는 있다. 여기서 장여를 쓰지 않거나 기둥 위에서 단여를 끼운 구조라고 한다면 민도리집 형식으로 본다. 장여 치목은 인방재와 다를 바 없지만, 왕지 부분에는 연귀 반턱으로 결구하고, 보아지에 결구(낮은 결구)하거나 보모가지에 결구(높은 결구)할 때도 보아지, 혹은 보모가지에 통주먹장을 넣어 결구한다.(민도리집은 두겁주먹장으로 결구)

굴도리집의 장여라고 하면 도리에 맞게 둥근 홈을 파거나 도리를 장여 넓이로 깎아야 한다. 만약 둥근 홈을 파지 않는다면 장여와 도리 사이에 상투촉을 심기도 한다.

민도리집에서 도리는 기둥에 두겁주먹장으로 결구되며, 보모가지에 반턱으로 얹혀 도리끼리 주먹장으로 결구된다.

[사진 49] 1층 벽체는 콘크리트, 2층 바닥부터 목구조로 된 작품 전시실 용도의 맞배 건물

14. 기본적인 연장

집을 지을 수 있는 연장은 톱과 망치, 끌, 대패, 자귀, ㄱ자, 먹통 정도만 있어도 가능하지만 시간이 오래 걸리고 힘든 것이 흠이다. 요즘은 최신 전동 공구를 많이 쓰며 시간도 단축된다. 1연장 2재주라고 했듯이 연장을 잘 손질하고 활용하는 것 또한 하나의 기술에 포함된다고 보아야 할 것이다. 여기서 연장 종류와 사용법을 잠깐 알아보고 지나가기로 한다.

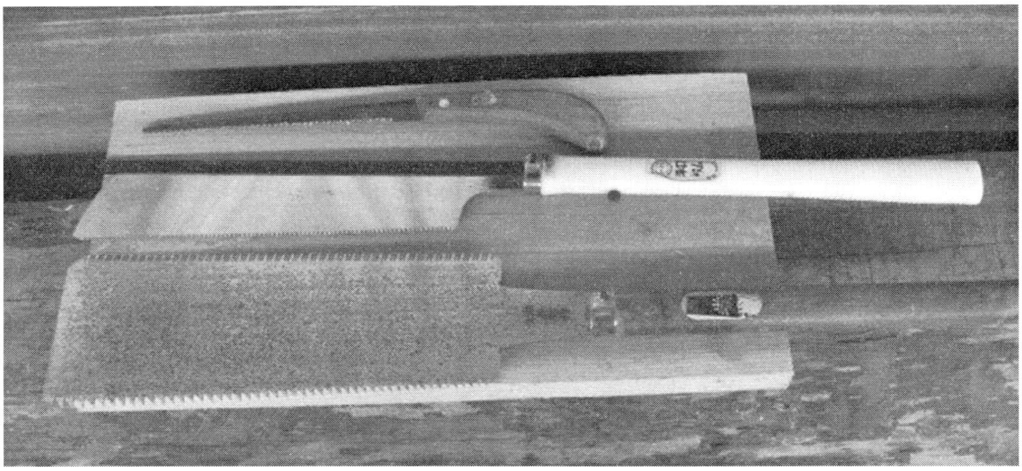

[사진 50] 톱으로 목재를 자를 때는 양손으로 톱자루를 꽉 잡은 상태에서 자르는 부분이 몸의 중심과 일치하도록 하여 부재와 45도로 자르는데, 이때 나뭇결의 직각 방향으로 끊는 것을 "자른다"라고 하고 나뭇결 방향으로 끊는 것을 "켠다"라고 한다. 한옥 건축에서는 당기는 톱을 주로 사용한다. 톱의 종류는 양날톱, 등대기톱, 쥐꼬리톱, 틀톱, 실톱, 세톱 등등 다양하지만, 요즘은 손으로 당기는 톱보다는 전동 원형톱을 많이 쓴다.

[사진 51] 체인톱은 원목이나 큰 목재를 자르거나 켤 때 사용한다. 예전에는 수동 톱(거두, 틀톱, 잉걸톱) 등으로 자르거나 켜기도 했지만, 요즘은 제재소에서 자동으로 켜거나 자른다고 봐야 한다.

[사진 52] 수동 톱과 전동 원형톱은 크게 나눠 보면 자르는 톱(나뭇결과 직각 방향으로 자르는 것)과 켜는 톱(나뭇결과 같은 방향으로 자르는 것)이 있다. 수동으로 부재를 자를 때는 부재와 톱날은 직각으로 되어야 한다. 각도는 45도로 자르며 부재가 움직이지 않도록 한 쪽 발로 부재를 눌러야 한다. 전동 원형 톱으로 자른다면 부재가 움직이지 않게 고정한다. 톱의 바닥이 부재에 밀착되게 밀고 나가야 하며, 톱날의 각도와 높이는 쓰임새에 따라 조절하면서 사용해야 용이하게 작업할 수 있다.

[사진 53] 끌의 종류는 다양하다. 자루와 날이 긴 것과 짧은 것이 있고, 넓이 또한 다양하다. 용도에 따라서는 평끌, 둥근끌(곡끌), 밀끌, 세모끌, 오늬끌, 버선끌, 인두끌, 가심끌 등이 있다. 포부재 조각을 한다면 문양에 따라서 더욱 다양한 끌이 필요하다.

[사진 54] 망치는 노루발망치, 뿔망치, 나무망치, 곰방대 등으로 구분한다. 큰못치기(길게 잡고 높이 든다)와 작은못치기(짧게 잡고 낮게 든다)의 망치가 있고, 빗못치기의 기법도 있다. 목메(나무로 만든 큰 망치) 또한 망치에 속한다고 보아야 하겠다. 이때 팔의 높이와 자루 잡는 길이도 달라져야 한다.

[사진 55] 대패는 크게 평대패, 곡대패, 훑기대패가 있다. 평대패에는 긴대패, 짧은대패, 넓은대패, 좁은대패, 곧은대패, 배꼽대패, 문양대패 등이 있다. 곡대패에는 배둥근대패, 굴림대패, 배대패, 썰매대패, 문양대패 등이 있다. 훑기대패에는 엽훑기대패, 골훑기대패, 훑이기대패(등밀이) 등이 있다. 어미날과 덧날의 간격이 조밀해야 엇결도 다스릴 수 있고 옹이도 잘 깎을 수 있다.

[사진 56] 홈이나 골을 파내는 전동 공구인 개탕기인데 현장에서는 넓은 날을 끼워 서까래치목 때 훑기 대용으로 쓰기도 한다.

[사진 57] 현장에서는 사진과 같은 전동 대패를 많이 쓰고 있는데, 편리하고 능률적인 반면에 위험하기도 하다. 모든 전동 공구는 항상 안전에 많은 신경을 써야 한다. 경험자의 조언을 잘 듣고 부속품 교체와 날의 연마에서부터 조립 또한 신경쓰며 사용해야 한다.

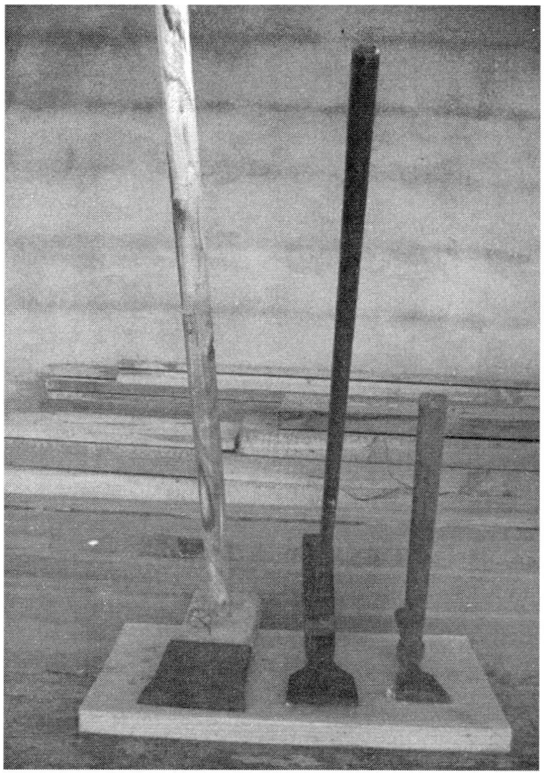

[사진 58] 자귀는 대패질을 하기에 앞서서 목재 면을 고르게 다듬는 연장이다. 큰자귀, 옥자귀, 평자귀, 손자귀 등으로 분류한다. 사용할 때 안전에 특히 주의해야 한다. 자귀는 누워서 1품 먹는다는 말이 있듯이 안전에 주의해야 한다.

[사진 59] ㄱ자와 줄자, 삼각자는 치수와 각도, 또는 길이를 재거나 표시할 때 사용한다. 다림추는 수직을 볼 때 사용한다. ㄱ자에는 우뢰자(빗길이자)가 있다. 둥근길이(환목)를 재는 눈금까지 있어서 도편수들이 현장에서 많이 사용하고 있다.

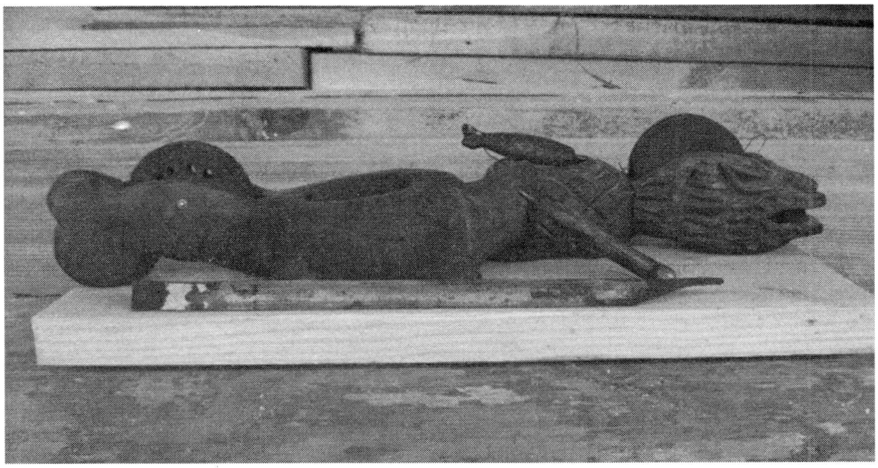

[사진 60] 먹통(느티나무)과 먹칼(대나무)은 치목할 곳을 표시한다. 예전부터 사용되어 오는 전통 도구. 주로 나무를 여러 가지 모양을 내어 사용한 것은 목수 일이 없을 때, 그리움과 배고픔을 떨치기 위한 하나의 방편이었다고 생각된다. 뚜껑 있는 신식 먹통보다는 먹칼로 먹물을 찍어 쓰기에 용이하고 먹물이 쉽게 마르지 않는 장점도 있다.

[사진 61] T자, 삼각자, 문양자, 방위철, 줄, 수평기 등을 현장에서 사용하기도 한다. 문양자, 삼각자 종류는 주로 도편수가 도면을 그리거나 집의 방향을 볼 때(방위철) 사용하는 도구이다.

[사진 62] 꺽쇠, 큰못, 작은못, 재래못(세모못), 양정 등은 집을 짜서 올릴 때나 서까래를 걸 때 사용하는 도구. 그 외 연장은 각 부재 치목 때마다 설명하기로 한다.

[사진 63] 목수의 연장실에는 습도가 낮아야 한다.

[사진 64] 전동 공구에 밀렸거나 오래 사용하여 능률적이지 못한 연장들을 버리지 않고 모아 두었다.

15. 대들보

대들보는 집의 중심이 되는 부재로 크고 긴 부재를 쓴다. 크게 보면 간주가 없는 대들보와 간주가 있는 대들보로 나눌 수 있다. 간주가 있는 대들보는 주로 칸막이가 있는 곳, 집이 너무 넓어서 대들보를 이음해야 할 때, 고주 형식의 구조에서도 쓰인다. 간주가 없는 대들보는 대청마루가 있는 곳이나 집회 장소로 이용하는 건물에 주로 설치한다. 들보라고 명명하기도 하는 대들보의 보머리는 집의 형식에 따라서 직절, 또는 사절로 꾸미기도 한다. 좁게 방을 따서 문양새김을 하기도 하는데, 장여받침집이나 민도리집은 사절 또는 직절한다. 익공집에는 문양새김, 폿집에는 방 따서 초새김이나 삼분두로 처리해야 그 집의 형태와 어울린다.

대들보를 치목할 때는 맨 처음 등과 배를 구분하고, 보의 위치에 따라서 안쪽과 바깥쪽(맞배집에서는 특별히 구분해야 함)을 어디로 향하게 써야 할지, 보머리를 선택할 때는 바람과 햇볕을 많이 받는 쪽을 벌구로 해야 한다.

그 다음은 다림을 보고 중심먹과 치목할 장먹을 놓고 결구되는 부재의 치수대로 먹을 매겨야 하는데, 이때 각 치수는 중심먹이나 보바닥의 장먹을 기준해서 먹매김을 해야 한다.

대들보는 기둥에 바로 결구(장여받침집, 또는 민도리집)되거나 주두 위(익공집)에 올라가기도 하며, 폿집에서는 살미첨차 위에 올라가기도 한다.

오량집 이상의 팔작집의 바깥쪽 대들보에서는 충량을 걸어나간다. 곡이 많은 충량은 대들보 등에 얹고, 곡이 적은 충량은 대들보 측면에서 싸임 있는 두겁 주먹장으로 걸어나가야 하는데, 이때 충량 자리와 동자주 자리가 겹칠 수 있다는 것도 유념해서 먹매김을 해야 할 것이다.

대들보의 모가지는 구조상 가늘 수밖에 없지만 보아지, 또는 주두나 첨차로 보강하고 있는 것이 한옥의 특징이라 하겠다.

***잠깐 쉬는 곳**

들보식을 하는 날 집주인이 보모가지를 잡고 통곡하며 울었다. 이유인즉 평생 소원이던 집을 짓는데 목수가 잘못하여 보모가지를 이렇게 작게 만들어서 부러지게 생겼으니 이 일을 어찌할꼬였다. 이때 목수도 보모가지를 붙잡고 같이 엉엉 울었다. 목수의 이유인즉, 대들보에 끼워지는 여러 가지 부재가 잘 끼워지고 잘 맞아야 할 텐데였다. 여기서 동상이몽이란 말이 생각난다. 울기는 똑같이 울었지만, 구조를 잘 모르는 집주인과 구조를 잘 알고 있는 기술자가 생각하고 있는 차이 아닐는지.

대들보의 모가지는 대들보 몸통에 비해서 아주 가늘다. 구조상 가늘 수밖에 없지만 몸통이 부러질지언정 보모가지 부분은 부러지지 않는다. 숭어턱과 더불어 다른 건축물에 비해 우리 전통한옥 구조의 우월한 특징이다. 그리고 각재에서 누르는 힘을 제일 많이 받을 수 있는 이상적인 치수는 2치:3.3치(1:1.65) 비율을 적용한다. 이는 필자가 자주 사용하는 방법 중 하나이다.

[사진 65] 팔작 형식의 초익공집에서 대들보를 얹은 상태. 다음은 충량을 얹고 소로와 장여, 도리 순서로 집을 짜서 나간다.

[사진 66] 맞배 형식의 이익공 일출목집에서 대들보를 얹은 상태

[사진67] 대들보 위에 동자주를 세우고 오량보를 얹기 위해 뜬창방을 결구하고 있는 상태. 이때 동자주의 높이는 집의 물매나 들림 구배에 직접 영향을 주기 때문에 경험자의 조언이나 도면을 그려서 집의 물매를 생각하여 높이를 결정해야 한다.

16. 장여

장여는 장혀라고 부르기도 한다. 도리를 받는 부재이다. 치목 요령은 각재의 치목 방법과 같이 다림을 보아야 한다. 익공집에서는 창방 위에 소로, 또는 소로방막이, 화반을 설치한 후 대들보에 끼워 조립하고 그 위에 도리를 조립한다.

17. 도리

도리는 주심도리와 중도리, 중종도리, 또는 종도리 등으로 구분한다. 주심도리는 주로 대들보에 결구되고 그 외 도리는 각각의 보(중보, 종중보)에 결구된다. 종도리(상량도리, 마룻도리)는 보에 결구되지 않고 대공에 얹혀 결구된다.

도리와 도리가 만나는 왕지 부분은 연귀 반턱으로 결구된다. 양두의 길이는 도리의 크기에 따라서 다르지만 1자 정도가 무난하다. 너무 길게 빼면 서까래나 추녀 결구 때 많이 닿기 때문에 불합리하고, 너무 짧게 빠지면 조립 때 깨어질 우려가 있다.

이제 도리 치목은 어떻게 할 것인가에 대해서 알아보자.

먼저 납도리는 모든 각재처럼 다림을 부재의 가장자리로 보는 것이 바람직하다. 왜냐하면 부재의 뒤틀림을 잡으면서 부재의 허실을 줄일 수 있기 때문이다.

굴도리의 다림은 납도리와 달리 부재의 중심을 보는 것이 바람직하다. 왜냐하면 중심 부분이 제일 넓어서 오차를 줄일 수 있을뿐더러 십반먹을 그리기 용이하기 때문이다.

[사진 68] 중도리를 기중기로 매달아 조립하는 과정이다. 도리는 서까래를 떠받는 부재이며 굴도리, 또는 납도리를 주로 쓰지만 간혹 8모도리를 쓰기도 한다.

[사진 69] 집의 모서리에는 도리끼리 서로 겹치는데 이것을 왕지라고 한다. 교차 지점의 두 개의 빨목 부분은 양두라고 한다. 외두도리에서는 간혹 헛머리를 쓰기도 한다. 추녀가 있는 집 모서리 부분의 연귀 공법은 굴도리나 납도리 모두 연귀반턱이음이 원칙이고, 반대쪽은 숭어턱 자리를 내고 내리주먹장이나 나비장을 한다. 나비장은 중부 지방에서 많이 쓰는 방법인데 내리주먹장보다는 견고하지 않다. 맞배집이면 연귀나 번턱 없이 외두빨목으로 처리되는데, 빨목의 길이는 3자(90센티)를 넘지 않는 것이 좋다. 이유는 내림마루 기와의 무게에 처짐을 최소화하기 위함이다.

[사진 70] 측면도리를 목메로 치면서 결구하는 사진

18. 지붕 모양

주심도리를 결구한 후 5량 이상의 도리나 종도리를 결구해야 한다. 먼저 집의 구조가 간단하여 설명 또한 간단한 3량(세마루)집부터 알아보기로 한다. 오량 구조부터는 또 다른 부재 이름이 나오기 때문에 다음 장으로 넘어가서 설명하기로 한다.

3량집은 주심도리 앞뒤 2개와 종도리(상량도리) 1개로 된 구조이다. 대들보 위에 대공(주로 설대공을 세운다. 설대공은 대들보 위에 양가름장, 또는 엇걸음장으로 세우고 도리나 장여가 결구되는 곳에는 부재의 크기와 높이에 따라서 갈을 탄다)을 세운다. 민도리집이면 도리만 얹는다. 장여받침집이면 장여를 결구한다. 도리를 얹고 추녀를 걸면 우진각지붕이 된다. 그 우진각지붕에서 적심도리를 빼내 합각을 만들면 까치박공집이 된다. 고건축을 보수하다 보면 간혹 팔작집 합각박공널 상하를 거꾸로 쓴 것을 볼 수 있다. 이는 넓은 쪽(벌구)을 효율적(넓은 면이 비바람을 많이 막아 준다)으로 사용하기 위한 것이라고 생각한다. 넓은 부재가 있으면 상하를 바르게 써야 한다.

[사진 71] 합각이 차려진 박공 부분이다. 같은 모양의 팔작집이라도 5량 이상의 집에서 종도리에 붙어 차려지는 합각을 합각박공, 우진각지붕의 적심도리에 붙어 차려지는 합각을 까치박공, 맞배집의 합각을 널박공이라고 구분하여 정리하고자 한다. 지붕 모양은 크게 맞배지붕과 팔작지붕으로 나누는데, 초가에서는 추녀곡을 거꾸로 쓴다. 이유는 물매와 방구매기지붕 처리를 위해서이다. 우진각지붕과 맞배지붕에는 일자매기, 합각이 있는 지붕에는 솟을매기로 시공하기 때문에 추녀를 걸 때부터 계획이 서 있어야 한다. 이때 지붕의 물매는 맞지름 물매로 6치 물매가 제일 적합하다. 한옥 건축에서는 지붕 물매를 잘 잡아야 한옥의 멋을 살릴 수 있다. 양심과 명예를 걸고 시공한다면 머릿돌에 새긴 이름, 또는 감사패를 받아도 부끄럽지 않을 것이다.

[사진 72] 문중이나 시공자 모두가 돋보이는 명패와 감사패를 증정하기도 한다.

[사진 73] 정이 넘치는 문중에서 좋은 뜻으로 붙여 주기도 하는 시공자의 이름이다.

[사진 74] 감사패 하나에 참 많은 땀과 책임감이 담겨 있다.

[사진 75] 성의를 다해서 시공했지만 감사패를 볼 때마다 아쉬움도 남는다.

19. 추녀

추녀는 한옥의 멋을 극대화시키는 곡선(들림구배)을 잡는 부재이다. 그만큼 중요한 부재 가운데 하나로 그 기술 또한 특이하여 대목장의 기술이나 경륜을 엿볼 수 있다.

추녀는 회첨추녀(골추녀=1자로 곧게 치목한다), 알추녀, 덧추녀 등으로 구분한다. 알추녀(들림을 주기 위해 추녀 밑에 깔아서 보강하는 부재)는 요즘은 쓰지 않는 공법이다. 덧추녀는 적심 부분에서 설명하기로 하고 여기서는 일반적인 추녀와 회첨추녀만 알아보기로 한다.

추녀는 집의 규모에 따라서 내밀기의 길이와 크기를 정하고, 집의 높이와 지형에 따라서 구배(곡)를 잡는다. 딱히 정립하지는 못하지만 3량집과 오량이 있는 집의 구배가 다르다. 사래가 있는 집과 사래가 없는 집 또한 추녀마루의 곡선은 많은 차이가 난다.

ㄱ자집에서는 골추녀를 설치한다. 추녀 끝부분의 서까래 위에 설치하는 삼각의 판재는 고삽이라는 부재이다. 기와 시공 때 필요하기 때문에 빗길이는 통상 2자 이상으로 설치한다.

추녀의 공법은 시공자의 설계에 따라서 들림구배는 차이가 나도 주심과 오량의 간격이나 높이를 무시하고 무작정 들림구배를 많이 준다면, 집의 모양이나 수명에 지장을 초래할 수밖에 없을 것이다.

추녀는 곡이 있는 목재를 사용해야 원목의 강도를 가질 수 있다. 그런 목재의 구입이 용이하지 않다면 인위적으로 곡을 잡지 않으면 안 된다. 곡을 잡지 않는다면 납작한 지붕이 되거나, 그것을 인위적으로 고친다면 집의 모양은 한옥의 멋을 낼 수 없을뿐더러 수명 또한 짧아질 것이다. 그리고 책의 전반부 퀴즈 중에서 등과 배를 거꾸로 쓰는 부재 중 하나는 추녀(초가집 제외)일 것이다. 자연목을 쓴다면 추녀는 등을 아래로 보내지 않으면 들림구배의 곡을 잡을 수 없다. 추녀곡은 추녀 바닥과 평행선을 놓은 상태에서 갈모산방 등 쪽의 빗각을 구해야 하고, 추녀와 도리에 끼우는 상투촉 각도까지 정해야 한다. 그 각대로 올라간 지점에서 추녀곡은 정해진다. 그리고 등과 배를 거꾸로 쓰는 5곳 중에서 한 곳인 추녀는 내민보(캔딜레버) 방식을 응용해야 한다. 그러면 동자주의 높이와 위치를 먼저 알아보고 추녀의 치목에 대해서 계속 알아보기로 한다.

추녀의 내밀기에서 부재의 절반 이상 내밀기는 위험이 따른다. 그렇지 않다 하더라도 뒤끝이 들릴 우려가 많은 것 또한 사실이다. 그렇기 때문에 아예 활주를 세우거나 뒤끝을 띠쇠로 고정, 또는 큰돌을 얹기도 했다. 빗이음, 또는 반턱이음, 비녀장으로 단단히 고정하고 신경을 쓴 것을 고건축에서 흔히 볼 수 있다.

4분변작법보다는 3분변작법이 더 안정감이 있다. 동자주의 높이 또한 3분변작법과 지름물매 6치, 4치 반 장애를 기준으로 추녀의 곡이 1.5자 때 주심도리와 오량도리 넓이에서 4를 곱하면 동자주의 높이를 구할 수 있다. 이는 모든 건축물에 꼭 적용된다고는 볼 수 없으며 필자가 자주 쓰는 방법 중 하나일 뿐이다.

추녀의 길이와 크기가 정해지면 곡을 보아야 하는데, 곡이 충분한 부재이면 사래의 유무, 내밀기 들림구배를 생각해야 한다. 추녀 끝이 너무 많이 들린다면 우리 전통 한옥에서 벗어날 것이며, 너무 적게 들린다면 한옥의 멋은 없을 것이다.

추녀곡을 얼마나 할 것인가 정해지면 주심도리가 걸리는 곳에서 추녀곡의 치수대로 올린다. 평고대가 걸리는 부분에서 오량(상량)도리가 걸리는 곳까지 장먹을 놓고, 오량도리가 걸리는 곳에서 주심도리가 걸리는 곳까지 뒷부분의 먹을 놓는데, 이때 꼬리 부분이 너무 얇으면 추녀가 부러질 수 있으며, 반대라면 곡이 적어질 수도 있다.

곡잡기가 끝나면 다림을 보고 추녀의 코 부분과 배 부분, 꼬리 부분을 치목한다. 코 부분은 사래의 유무에 따라 장먹을 기준으로 길게 깎거나 짧게 깎기도 한다. 들림구배를 참고하여 빗끊기를 하고 초새김(게눈각, 또는 용수각)을 하기도 한다. 이때 등 부분은 치목하지 않아도 된다. 배 부분은 둥그스럼하게 치목하고 꼬리의 배 부분은 모접기(통상 5푼)를 한다.

[사진 76] 오량 구조에서 추녀를 올려 꺾쇠로 임시 고정된 상태

[사진 77] 측면 쪽에서 본 추녀

20. 갈모산방

추녀가 있는 집에서 도리와 같은 방향으로 얹어 추녀를 감싸쥐는 삼각형의 부재이며, 서까래를 걸 때 처마곡을 주기 위한 부재로 한옥의 멋을 극대화시키는 효자이다.

[사진 78] 외목도리가 있는 집에서는 갈모산방 또한 겹으로 올라간다. 이때 오랜 세월을 두고 본다면 외목에는 힘을 받지 않도록 5푼 정도를 띄워서 서까래를 시공한다. 이 또한 경험과 지혜의 일부분이라고 생각한다.

[사진 79] 초익공집에서 추녀, 주심도리, 오량, 상량 합각 뺄목이 설치된 상태

[사진 80] 경남한옥학교에서 3량 우진각 집짓기 실습 중 추녀까지 결구된 상태

[사진 81] 활주는 추녀의 끝부분에 처짐을 보강하기 위해 추녀 밑에 세우는 기둥 모양이다. 추녀에 얇은 홈을 파서 촉을 심어 세우는 작은 기둥이다. 원형, 또는 8모기둥을 주로 세운다.

[사진 82] 갈모산방을 설치한 후 평연을 걸어 안곡(추녀에서 추녀까지 전체 처마의 안허리)과 처마곡(앙곡으로 부르기도 하는데 추녀에서 추녀까지 전체 처마의 곡)이 결정되면 선자연(부채살 서까래)을 쪽연부터 1장, 2장 순서로 걸어 나간다. 집의 규모에 따라서 선자연의 갯수는 틀리지만 통상 8장걸이집에서 12장걸이집까지 있다.

[사진 83] 회첨추녀(골추녀)와 서까래, 사래, 고삽 등으로 결구된 상태

[사진 84] ㄱ자 초가에서 회첨 부분과 지붕의 방구매기 형태

[사진 85] ㄱ자 형태의 팔작집에서 솟을매기의 지붕(일자매기는 우진각 지붕에서 볼 수 있다)과 회첨골 부분

21. 충량과 퇴량

충량과 퇴량은 곡재를 써야 대들보와 결구에 용이하다. 멋을 냄과 동시에 또 다른 기둥을 잡아 주는 역할을 하는 부재이다.

충량은 대들보의 중간에서 측면 기둥으로 걸리는 부재이다. 퇴량은 간주, 또는 고주에서 평주로 걸리는 부재이다. 이때 충량과 대들보의 싸임은 1치가 적당하며, 두겁주먹장으로 연결하는 것이 바람직하다. 퇴량은 대들보에 주먹장이나 싸임주먹장으로 결구한다. 일(一)자 홈이라면 산지를 박는 것이 좋고, 보아지 또한 설치하는 것이 좋다.

[사진 86] 충량은 곡재가 없다면 배(밑) 쪽을 둥그스럼하게 파서 모양을 내지만 좋은 곡재가 있으면 금상첨화일 것이다.

[사진 87] 장여받침집에서 인위적으로 가공된 충량

[사진 88] 전통적인 민도리집에서 보는 퇴(충)량. 굽은 나무를 바닥만 내어 그대로 사용했다.

＊잠깐 상식

목재의 재적수 구하는 방법

1) 사각의 재적(사이)수 : 가로×세로×길이÷12. 치수를 사용하여 가로 곱하기 세로, 길이를 다시 곱하여 나누기 12하면 재적(사이)수를 구할 수 있다.

2) 원형의 재적(사이)수 : 지름×지름×길이÷12. 치수를 사용하여 지름 곱하기 지름, 길이를 다시 곱하여 나누기 12하면 재적(사이)수를 구할 수 있다. 제재소에서는 3.1416(원주율 수학 공식) 원목의 특성상(말구 기준이기 때문에 벌구가 굵다) 생략한다.

3) 제원 기록법 : 척수를 사용(길이/두께/넓이/갯수) 순서로 쓴다.

22. 우미량

우미량은 규모가 작은 집에 주로 쓰이는 부재인데, 곡이 많은 부재를 사용해야 지붕 물매를 용이하게 잡을 수 있다. 하중도 견딜 수 있을 뿐 아니라 모양 또한 예쁘게 뽑을 수 있다. 부재는 자연적으로 굽은 원목을 사용하는 것이 바람직하다.

[사진 89] 우미량은 기둥 위에 결구되는 충량이나 퇴량과 다르게 도리에 결구된다. 우미량 위에 바로 추녀나 서까래를 거는 것으로 구분하면 된다.

[사진 90] 경남한옥학교 안에서 휴게실 짓기 실습 현장의 우미량

[사진 91] 황토집 짓기에서 충량과 대들보 치목 실습을 하고 있는 경남한옥학교 수강생

23. 동자주

짧은 기둥이라 하여 이름 붙여진 동자주는 동자처럼 예쁘지는 않지만 많은 하중을 받는 기둥이다. 평기둥과 같은 역할을 하는 기둥이기에 소홀히 다루면 안 된다.

[사진 92] 맞배 오량 구조의 측면이다. 밑에서부터 주춧돌, 기둥, 하인방, 중인방, 상인방, 간주, 보아지, 창방, 장여, 주심도리, 대들보, 동자주, 오량보(종보), 중도리, 판대공, 종도리, 평연(장연), 단연(상연), 평고대까지 종단면의 구조를 한눈에 볼 수 있다.

동자주는 오량 이상의 집에서 쓰이는 부재인데, 대들보 위에서 오량보(중보)를 받치는 작은 기둥이라고 보면 된다. 이는 지붕 물매를 결정하고 집의 무게를 줄이는 결정적인 역할을 하는 것이기 때문에 미리 설계에 신경을 써야 한다. 너무 낮으면 덧서까래나 적심, 또는 강회다짐을 과도하게 해야 하기에 집의 무게가 많아지고, 너무 높으면 들림구배가 없어서 처마가 앞쪽을 덮어씌우는 볼품없는 작품이 될 우려가 있다.

동자주의 높이를 구하는 방법은 앞서 논한 것과 같이 3분변작법이나 4분변작법에 따라서 틀리겠지만, 3분변작법에 근거한다면 주심과 오량의 넓이에 4를 곱하면 동자주의 높이가 나온다. 이는 필자가 자주 쓰는 공법 중 한 가지 방법이다.

[사진 93] 동자주 위에 오량보, 뜬창방, 장여까지 결구한 상태의 이익공 일출목의 집

24. 오량보

오량집에서는 종보라고 한다. 대들보 위에 또 하나의 대들보인데, 대들보보다는 짧다. 작은 대들보라고 보면 된다.

[사진 94] 합각이 차려질 측면 부분의 종보와 충량 부분

25. 외목도리

주심도리 바깥으로 하나 더 걸리는 도리인데, 기둥에 결구되는 것이 아니라 포 부재가 힘을 받아 앞으로 기울어질 수도 있기에 외목도리에 걸리는 서까래는 도리가 눌러지지 않게 걸어야 한다.

[사진 95] 외목도리가 앉을 귀포 부분의 장여와 한대 결구

[사진 96] 주심장여와 외목장여, 그리고 귀한대 부분

[사진 97] 대접소로와 포부재, 그리고 외목도리의 결구

[사진 98] 파련대공과 동자주의 보아지

26. 대공

대들(중, 종)보 위에서 종도리를 받치는 부재이다. 설대공, 판대공, 파련대공, 소슬대공, 판대공, 포대공 등이 있다. 3량집에서는 대들보 위에 바로 대공을 세우고 종도리를 얹어 가지만, 5량집 이상에는 동자주를 세우고 종보, 또는 종중보를 얹는다. 뜬창방이나 장여, 도리 등의 부재를 사용하여 처마 서까래(장연)를 걸 수 있도록 또 하나의 도리(중, 종)를 주심과 평행하게 얹는다. 그 도리를 받는 보(중, 종) 위에 세우는 것을 대공이라고 한다.

[사진 99] 합각을 차리고 괴침목 위에 설대공을 세운다. 이때 바닥기와가 합각면 안쪽으로 들어갈 수 있도록 여유를 두고 대공을 세워야 빗물이 스며들지 않는다. 측면과 전면에는 덧서까래를 걸어 물매를 잡기도 한다.

[사진 100] 동자주와 고주의 수평을 맞추고 그 위에 판대공을 설치한 형태의 선운사 만세루 내부인데, 고주에 산지(나무못)를 박아서 대들보의 촉이 빠지지 않게 고정했다.

27. 뜬창방

주심의 창방과 같이 5량 이상의 집에서 사용하는 방법이다. 주심의 창방과 같은 역할을 하지만 주심처럼 큰 부재는 쓰지 않고 장여와 조화롭게 크기를 조절해서 사용한다.

***잠깐 상식**

상량대(상량장여)에 쓰는 문구는 집 안쪽에서 밖으로 볼 때 오른쪽이 용(龍)이고 왼쪽이 구(龜)로 상량 연도, 정초일, 입주일, 상량 시간을 넣는 것이 좋다. 마지막 부분에는 길(吉)한 문구를 넣기도 한다. 이는 남주작 북현무에 근거한 것이다. 상량문의 분량이 많을 때는 종도리 밑부분에 홈을 파서 귀하고 오랜 동안 남겨야 할 물건을 함께 넣기도 했다.

[사진 101] 대공을 세우고 맨 처음 끼우는 부재가 뜬창방이다. 주심에서 창방 역할을 한다고 보면 적합하다.

[사진 102] 중도리와 추녀를 걸고 평고대 이음과 안곡, 추녀곡을 잡아 나가는 과정

28. 종보(중종보)

오량집에서는 종보가 되고 5량 이상의 집에서는 중종보가 되는 대들보 위에서 대들보와 같은 방향으로 또 하나의 작은 대들보가 올라가는 것이다. 치목 방법은 대들보와 동일하다. 기둥은 동자주(짧은 기둥)를 쓴다. 크기와 길이도 작고 짧으며 결구 방법 또한 대들보와 같다고 보면 된다.

[사진 103] 대들보 위에 동자주를 세운다. 그 위에 있는 큰보가 오량보(종보)이며 맞배집에서는 측면에도 짜여진다.

29. 외기 공법

측면 중도리가 올라가는 곳에 충량이 하나만 걸리는 집이라고 하면, 그 충량 위에 대공을 세워서 외기(지렛대)공법으로 처리하기도 한다. 충량마저도 없는 집이라고 하면 도리의 뺄목을 너무 많이 내밀지 않는 것이 좋다. 뜬창방을 설치한다면 도리와 동일하게 결구하며, 밑부분에는 달동자를 설치하기도 한다.

[사진 104] 추녀 끝 부분에서 추녀와 추녀 사이의 부재가 외기 부분에 해당된다. 추녀 꼬리 부분에 수직으로 직접 받는 동자주나 대공이 없기 때문에, 추녀 내밀기 시공에서 제대로 된 공법(지렛대 공법)을 사용하지 않으면 추녀 뒷부분이 들리거나 반대로 주저앉을 수 있어서 작은 경험으로는 큰 낭패를 당할 수 있다.

30. 솟을삼문

3개의 문을 설치하는 건물인데 가운데를 높게 지었다 하여 솟을삼문(솟을문, 또는 삼문)이라고 한다. 덕천서원처럼 높낮이 없이 3개의 문으로 된 삼문도 더러는 있다.

[사진 105] 솟을삼문은 우리나라 특유의 건축물이라 해도 과언이 아니다. 고주(낮은 지붕에 기와잇기를 하면 닿지 않는 높이)와 평주를 사용해서 기둥의 높이와 문의 높이를 다르게 하고, 지붕 또한 높이가 다르기에 웅장하기보다는 아기자기한 멋을 내는 건축물이다.

[사진 106] 맞배집 형태가 주로 많다. 먼저 기둥을 세우고 창방과 포부재를 조립한 후 대들보를 올린다. 간혹 문간방으로 쓰기 위해 우진각으로 짓는 경우도 있다. 이때는 추녀를 먼저 걸어야 한다.

[사진 107] 목기연은 박공널을 붙이고 난 후에 시공하는 짧고 작은 네모 서까래이다. 내림마루의 하중을 받치는 역할(목기연을 길게 설치한다면 까치발을 달아야 한다)을 한다. 이때 박공널 끝에는 게눈각이나 용수각을 하기도 한다. 다래박공에는 각을 하지 않는 것이 전통 방식이다.

[사진 108] 다래박공은 낮은 지붕 서까래에 붙이는 널이다. 적심이나 부토 때 용이하게 하기 위한 또 하나의 박공널이다. 평고대에서 1치 정도를 올려 지붕 물매 각도으로 붙여야 기와 잇기에 용이하고 마감이 깨끗하게 처리된다.

31. 서까래

서까래는 연목이라고도 한다. 기와를 잇기 위해 도리 위에 일정한 간격으로 얹어 나가는 둥글고 긴 부재이다. 평연(장연), 상연(단연), 선자연(부채서까래), 덧서까래(덮연), 합각연, 중연, 종중연(7량 이상의 집에 해당됨) 등으로 구분한다.

추녀를 걸고 평고대의 곡을 잡으면서 전체의 간격을 도리 위에 표시한 후, 중간중간에 걸면서 안곡(추녀에서 추녀까지 전체 처마의 안허리)과 처마곡(앙곡이라고도 하는데 추녀에서 추녀까지 전체 처마의 곡)을 잡아 나간다. 선자연 부분에는 도리(갈모산방) 위에서 표시하면 평고대 부분에서는 많이 넓어지게 되어 있다. 이때 처마 길이가 너무 길면 산자널 덮을 때 널의 넓이에 문제가 있다. 평고대에서 서까래와 직각 방향에서 도리 위처럼 동일 간격으로 표시하는 방법이 제일 좋다.

서까래의 코 길이는 1치(부연과 목기연은 5푼) 기본으로 하며, 간격은 중와 기준으로 1자로 하는 것이 좋다. 서까래 코끊기는 나이 매기는 틀(주심도리와 중도리에 닿는 간격의 수평에서 처마 길이를 나와서 3푼씩 나이 표시함) 위에서 미리 끊어 올리는 방법과 걸어 놓은 상태에서 끊는 방법이 있다.

전통의 서까래는 엇걸기하여 산지를 끼웠다. 이는 못(철)이 귀하던 시절의 시공 방법이며 요즘은 긴 못으로 도리에 박아 고정한다. 등과 배를 거꾸로 쓰는 부재 중에 한 가지가 서까래이다. 이것 역시 추녀처럼 들림구배를 주기 위한 것도 있지만 누르는 힘(캔딜레버 방식)을 받기 위한 것이기도 하다. 서까래의 간격은 그 집의 암키와의 넓이만큼으로 하는 것이 좋다.

[사진 109] 중간중간에 꺽쇠로 서까래를 임시 고정해 놓고 처마곡과 안곡을 잡는다.

32. 덮연과 합각연

본연(장연)을 걸고 나면 우물반자를 설치하고, 종도리와 합각의 연목을 설치한 후 덮연을 걸기 위해서 괴침목을 설치한다. 합각연목을 설치할 때는 다림을 보아야 한다. 추녀를 눌러 주는 뿌리 쪽은 평고대와 간격을 맞춰서(전, 후, 측) 설치해야 한다. 괴침목 또한 추녀의 등을 누른다. 그것은 추녀의 뒷꼬리를 눌러야 하기 때문이다.

[사진 110] 합각연목과 괴침목을 설치하는 과정

[사진 111] 측면 덮연(덧서까래)과 합각연을 설치한 상태

[사진 112] 전면 덮연(덧서까래) 설치를 마친 상태

[사진 113] 집의 전면 길이가 길면 괴침목을 하나 더 깔고 이중으로 연결하여 덮연을 설치하기도 하는데, 예전에는 너무 과도하게 적심이나 흙으로 채웠기 때문에 하중을 받는 부재(기둥, 도리, 대들보)에 무리가 있었다.

[사진 114] 측면 합각연과 괴침목을 설치한 상태

[사진 115] 박공널과 목기연, 목기연널, 풍판, 덮연을 모두 설치한 상태이다. 덮연 위에 적심을 채워 기와잇기를 한다. 이때 박공널을 설치할 때는 지붕물매(합각 상단에서 평고대까지 줄을 친다.(현수곡선법)/ 합각 상단에서 전, 후, 평고대까지 거리를 잰다./ 합각 밑면에서 측면 평고대까지 거리를 잰다)를 참고하여 지름물매에서 박공널 아래 부분을 낮춰야 한다.

33. 선자연

선자연(부채 서까래)에는 정선자(본선자), 벌선자, 말굽선자, 판선자 등으로 구분한다. 벌선자로 시공했다면 부채서까래를 걸기 전에 미리 판선자로 마감하는 것을 원칙으로 한다. 정선자와 말굽선자는 따로 판선자를 하지 않는다. 본선자(정선자)를 치목할 때는 본연과 평고대를 걸어 놓고 선자연의 길이, 간격, 각도의 정확한 치수를 기록하여 치목을 해야 실수가 없다. 이때 목수들이 좌우, 갯수를 기록하면서 치목할 수 있도록 제원표를 걸어 두고 치목한다.

[사진 116] 판선자가 마감된 상태이다. 벌선자를 시공하려 한다면 이렇게 판선자를 먼저 시공하고 서까래를 걸어야 한다. 이때 갈모산방에는 판자 두께만큼의 소란턱을 주어야 한다.

[사진 116-1] 현장에서 사용하는 8장(10장, 12장)걸이 선자연 치목판

34. 사래와 부연

사래는 추녀 위에 얹혀지는 네모 모양의 또 하나의 추녀이다. 이는 부연을 달기 위한 추녀 역할을 한다. 추녀 위 평고대 지점과 사래가 포개지는 곳에는 사래의 개미 허리를 만들어 흘러내리는 것을 방지하고 사래의 뒤끝은 긴 못으로 고정한다.

부연은 서까래 위 또 하나의 서까래인데 이 또한 네모를 쓴다. 부연으로 내밀기하는 처마를 겹처마라고 한다.

***잠깐 쉬어 가는 곳**

부연에 관련되어 전해 내려오는 이야기를 소개하고자 한다.

인근 마을까지도 인정받는 나이 지긋한 목수가 있었는데, 어느 문중의 사당을 짓다가 실수로 높은 지형을 감안하지 않고 서까래 길이를 짧게 걸게 되었다. 이대로 강행하면 볼품없는 작품이 될 것이고, 다시 고치자니 참으로 부끄러운 일이기에 끼니도 거르면서 며칠을 고민에 빠져 있었다. 이를 걱정하던 며느리가 무슨 일인지 여쭙게 되었다. 저 착한 며느리에게는 말해도 되겠다 싶어서 자초지종을 이야기했다. 한나절을 생각한 며느리가 말하기를 서까래 위에 서까래를 하나 더 올리면 안 되느냐고 했다. 그 말에 시아버지는 바로 깨닫게 되었다. 지혜로운 며느리의 도움을 받아 착안한 서까래가 바로 부연(婦椽)이다. 그래서 그런지 며느리 부(婦)를 써서 부연이라고 한다.

[사진 117] 사래와 부연을 시공하고 안곡이 잡혀 있는 상태이다. 둥근서까래(본연) 위의 평고대는 초매기, 네모서까래(부연) 위의 평고대는 이매기라고 한다.

[사진 118] 초매기와 산자널을 시공한 상태에서 이매기를 하고 부연을 걸어 나가는 상태

[사진 119] 부연과 부연 사이에는 착고를 끼운다. 부연에 착고 재료 두께만큼의 홈을 파고 그 곳에 착고를 끼워 시공한다. 선자연 부분에는 길이와 넓이의 변화가 많기 때문에 삼각형의 잣대를 사용하면 용이하다.

35. 종도리

종도리는 마룻대, 또는 상량도리라고도 하는데, 맨 위에 올라가는 도리를 말한다. 팔작집에서는 종도리를 내밀기하여 합각을 차리는데, 이때 내밀기 부분에 대공을 세워 하중을 보강해야 한다.

[사진 120] 종도리와 합각연이 결구된 상태

[사진 121] 대공과 뜬창방, 소로, 장여, 합각연 및 종도리가 결구된 상태

36. 산자널

산자널은 개판이라고 하기도 한다. 서까래와 서까래 사이를 덮는 판자이다. 기와골의 넓이대로 1자로 덮기와 옆으로 덮기가 있다. 미적인 것이나 실용적, 또는 전통적인 면에서 보면 기와골의 넓이대로 덮는 것이 좋다.(옆으로 덮기는 일본식 건물에서 많이 볼 수 있다.)

고건축에는 흙이나 회로 마감을 했다. 이는 서까래 사이에 가로로 외를 엮고 부토(알매치기)를 했다. 그 위에 강회다짐을 한 후 기와잇기를 했다. 알매치기 때 밑으로 빠져 있는 흙을 이용하여 그 위에 앙토(치받이)를 해서 마감을 했다. 서까래 사이로 길게 덮기(이때 산자널의 나이테 가까운 면을 집 안에서 보이는 곳으로 덮는다. 이는 연등천장의 모양과 목재(널)의 활용 가치를 높이기 위해서 등과 배를 거꾸로 쓴다.) 또한 등과 배를 거꾸로 쓰는 5곳 중에서 1곳에 해당한다.

[사진 122] 황토집 산자널 덮기

[사진 123] 부연에 산자널을 덮은 상태

[사진 124] 서까래 사이에 산자널을 시공한 상태

37. 평고대와 연암

앞서 논한 것처럼 평고대는 서까래, 또는 부연을 걸기 위해서 옆으로 길게 뻗은 부재를 말한다. 초매기와 이매기로 분류된다. 초매기는 서까래 위에 붙이는 부재이고 이매기는 부연 위에 붙여 연암을 받는 부재이다. 이때 처마곡, 또는 안곡을 잘 잡아야 한옥의 멋을 살릴 수 있다. 초매기는 뒤쪽을 비스듬하게 깎아야 물매에 맞춰서 부연걸기가 용이하다. 등과 배를 거꾸로 쓰는 곳 중에서 한 곳인 평고대는 처마곡(앙곡)이 자연스럽게 나올뿐더러 목재의 변형을 예상하고 시공해야 한다.

연암은 연함이라고 명명하기도 하는데 암키와의 모양대로 물매를 보고 파내어 평고대 위에 얹는 부재이다. 이는 목수가 치목해 놓으면 와공이 시공하는 것으로 관례화되어 있다.

[사진 125] 이매기의 처마곡이 잡힌 상태

[사진 126] 초매기의 안곡과 처마곡이 잡힌 상태

[사진 127] 위에서부터 부연 개판, 이매기, 부연, 착고, 초매기, 본연 개판, 서까래(본연), 도리, 장여, 대들보, 재주두, 소로, 화반, 두공첨차, 이익공 쇠서, 주두, 창방, 초익공 쇠서, 기둥, 그리고 내부에는 우물반자, 오량보, 동자주, 서까래, 충량이 결구된 모양을 한눈으로 볼 수 있다.

[사진 128] 안곡이 잡혀 있는 상태. 옆은 시멘트 한옥 맞배 모양으로 관리사로 쓰일 건물이다.

38. 괴침목

앞서 말한 것과 같이 괴침목은 처마의 꼬리를 눌러 주는 역할과 덮연을 걸기 위해서 시공하는 부재이다. 괴침목 밑부분과 본연 개판 사이에는 쐐기를 잘 끼워 고정해야 기와의 처짐이나 평고대의 처마곡에 변형이 없다.

[사진 129] 측면 괴침목과 합각연을 시공한 상태

[사진 130] 전면 괴침목 시공 상태

39. 적심채우기

덮연 시공이 끝나면 적심을 채운다. 적심은 옛날처럼 흙이나 돌로 채우기보다는 요즘은 집의 과도한 무게를 줄이기 위해서 덮연을 걸고 나무로 많이 채운다. 나무의 두께는 통나무를 반으로 켜서 올리는 것이 제일 좋다.

[사진 131] 덮연 시공을 마친 상태

[사진 132] 덮연의 아래 끝부분은 본연을 눌러지게 시공하면 안 된다. 시공 후 추녀가 낮으면 덧추녀(추녀 위쪽이 덮연이나 적심목보다 낮을 때)를 씌워서 추녀마루 곡을 잡아 주어야 한다.

[사진 133] 측면 적심을 채워서 물매를 잡은 상태이다. 빠뜨린 것을 추가로 설명하면 풍판 위 박공널에 옆으로 나란히 붙어 있는 검은색의 철물은 박공꺽쇠라는 것이다. 합각 부분에 박공널의 벌어짐을 방지하는 역할을 한다.

[사진 134] 전면 적심을 채우면서 물매(지름물매에서 현수곡선법을 이용함)를 잡아 가는 상태

40. 반자

전통적인 반자에는 우물반자, 평반자, 빗반자, 고미반자, 연등천장 등으로 구분한다. 대표적으로 우물반자는 우물 정(井)자 모양으로 짜여진 평천장이다. 고미반자는 정(井)자가 아닌 일(一)자로 짜여지는 평천장이다. 빗반자는 서까래의 각도대로 짜여진 천장이다. 연등천장은 서까래가 바로 보이는 천장을 말한다.

[사진 135] 우물반자는 보통 오량 도리에 설치. 우물반자가 시공된 상태

[사진 136] 육모정에서 육모 우물반자가 짜여진 상태

41. 마루

마루에는 우물마루와 널마루, 쪽마루가 있다. 우물마루는 귀틀에 홈을 파고 마루판을 끼워서 시공하는 방법이다. 널마루는 긴 널빤지를 양쪽 귀틀에 건너 붙이고 중간에는 받침목을 두는 형태이다. 쪽마루는 툇마루라고 하기도 한다. 우물마루의 한 우물로 생각하면 되지만 여모귀틀과 하방에 끼워지는 마루이다.

여기서 마루의 귀틀 종류를 알아보면 먼저 장귀틀은 기둥과 기둥 사이에 끼워지는 제일 길고 큰 귀틀이다. 사슬귀틀은 하방에 붙여 시공되는 귀틀이다. 동귀틀은 장귀틀 사이에 놓아서 마루판을 잡아 주는 귀틀이다. 여모귀틀은 널마루의 전면(출입구)에 설치하는 기둥과 기둥 사이의 귀틀이다.

＊잠깐 쉬는곳

툇마루를 시공할 때 지옥장부가 쓰인다. 지옥장부란 툇마루 동귀틀을 기둥에 끼울 때 사용하는 방법이다. 한 번 조립되면 빠지지 않는다 하여 지옥장부라 한다. 연귀맞춤과 사개맞춤, 3분턱맞춤, 주먹장부에 이어 우리 전통의 이음 중 최고의 걸작인 엇걸이 홈이음(오각이음)이 있다. 지금까지 한옥을 공부한 필자로서 우리 전통 최고의 이음으로 생각한다.

[사진 137] 사찰의 우물마루이다. 동귀틀을 시공할 때 한 쪽은 좁게, 또 다른 쪽은 넓게 놓아야 마루판을 용이하게 끼워 넣을 수 있고 용이하게 보수할 수 있다.

[사진 138] 경주시 양동 민속마을에 있는 엇걸이 홈이음(오각이음)

[사진 139] 육모정의 삼각 모양 우물마루

[사진 140] 귀틀을 시공하고 있는 상태. 마지막 귀틀을 조립할 때는 더 이상 밀어 내어 조립할 곳이 없어진다. 이때는 턱밀어넣기 방법으로 시공해야 한다. 귀틀의 등과 배를 때에 따라서 거꾸로 쓴다는 사람이 있는데, 이는 목재의 변형(갈라짐, 휨)이 어디인가를 정확히 모르고 말하는 것 같아서 안타깝다. 목재의 굽이 상태를 먼저 보고 등(속목)이 마룻바닥이 되면 될 것이다. 아주 바르게 자란 나무의 목재라면 더욱 그러할 것이다.

[사진 141] 귀틀과 마루판의 촉을 만드는 과정

[사진 142] 마루판놓기 및 청널에 먹을 매기는 과정

42. 계자각

계자각은 일종의 난간이라고 보면 된다. 정자나 사랑방 대청마루에 시공한다. 멋과 안전을 생각한 우리 선조의 지혜가 가득한 작품들이 많다. 계자각 시공에는 계자, 하대, 중대, 궁판, 착고, 화엽소로, 돌란대 등 멋을 낼 수 있는 부재가 많이 사용되었고 그 모양 또한 다양하다.

[사진 143] 계자각이 조립된 상태

[사진 144] 계자각, 궁판, 하대, 착고, 상대, 화엽소로, 돌란대가 설치된 상태. 이 모두는 홈과 촉으로 결구되어 있다. 이때 모서리 부분의 계자각은 빗길이만큼 넓게 써야 한다.

43. 창살

창살은 현대적으로 해석하면 방범창 역할이지만 주술적인(액을 막아 주는) 부분이 많이 내포된 우리 전통 양식이다. 이것 또한 못을 쓰지 않고 조립으로 되어 있는데, 뾰족한 끝의 모양은 다양하다.

민가의 창살은 부엌이나 광에서 많이 볼 수 있다. 짐승의 출입을 막는 역할과 공기의 흐름을 위한 장치로 시공되었다.

[사진 145] 비각의 창살

[사진 146] 창살로 된 비각의 창살문

44. 판문

판문은 판자로 된 문을 말하는데 채광을 많이 필요로 하지 않는 곳에 설치했다. 모양과 크기, 쓰임새 또한 다양하게 있다. 주로 다락이나 광채, 부엌, 대문 등 다양하게 설치되었다. 한옥에는 판자로 된 벽이 있는데 이를 판벽이라 한다. 반턱 이음으로 시공한다.

[사진 147] 집의 뒤쪽으로 출입하게 설치된 판문인데 여름철에는 바람의 통로가 되기도 한다.

[사진 148] 판자로 된 대문. 하방은 월방으로 처리되었다. 둔테, 말굽쇠, 문고리, 감잡이쇠, 국화정 등을 부착하여 멋과 실용성을 살렸다.

[사진 149] 대문의 감잡이쇠와 둔테의 모양

[사진 150] 대문의 빗장과 띠장의 모양

[사진 151] 초가의 헛간에서 볼 수 있는 판벽. 간혹 광채에도 판벽으로 된 한옥을 찾아볼 수 있다.

45. 머름

머름은 문턱의 높이를 높여 찬바람이 방바닥에 직접 닿지 않게 하기 위한 공법이다. 더러는 멋을 내거나 출입할 때 예를 갖추기 위한 방편으로 설치하였다고도 볼 수 있다. 머름에는 크게 겹머름, 쪽머름, 통머름으로 구분한다. 겹머름은 2단으로 된 머름, 쪽머름은 외부에만 머름동자를 붙인 머름, 통머름은 긴 판자를 붙인 것을 말한다.

여기서 각 부분의 명칭에 대해서 알아보면, 기둥에 붙는 어미동자와 중간에 세우는 머름동자로 구분된다. 머름동자 중에서 모양에 따라 솟을머름동자와 통머름동자로 구분한다. 동자와 동자 사이에 끼우는 널을 머름궁판(머름착고)이라 하고, 머름하방(머름대)과 머름중방 사이에 시공한다. 이때 세밀한 시공을 해야만 동자의 틈새가 벌어지지 않는다.

***여기서 잠깐**

책의 앞부분에서 제시했던 한옥 건축에서 5곳 중 한 곳인 등, 배를 거꾸로 쓰는 부재의 답은 머름중방이다. 왜냐하면 목재는 가만히 두어도 등 쪽으로 휜다고 그랬다. 머름동자와 머름중방, 머름하방의 틈새를 없애려 한다면 머름중방은 등과 배를 거꾸로 써야 하는 것이 자명한 것이다.

아래의 머름 시공 사진은 문화재 기능 시험에 대비하여 연습(간이)으로 만든 작품이다. 머름하방(머름대), 머름중방, 어미동자, 머름동자, 머름궁판(머름착고)을 간이 기둥에 임시로 조립한 상태이다. 기둥 양가름장과 머름중방 사이에 쐐기를 넣으면 틈새도 없이 잘 맞는 작품이다.

[사진 151-1] 문화재 기능 시험 대비 경남한옥학교 수강생 연습용 작품이다. 사진과 같이 머름중방에 모양내어 끼우는 방법을 솟을머름동자라고 하고, 머름중방과 같은 높이로 끼우는 머름동자를 통머름동자라고 한다. 집의 넓이에 따라서 머름동자의 갯수는 조절할 수 있다.

46. 홍살문

능이나 향교, 사당 같은 본건물의 입구에 설치한 주술적(부정을 걸러 주는 문), 또는 경계 표시로 설치되었는데 모양과 높이는 다양하다.

[사진 152] 충의사 홍살문

[사진 153] 향교 입구의 홍살문 설치

47. 풍판

풍판은 건물 부재의 부식을 방지하기 위해 비바람을 막아 주는 판자를 서까래에 매단 판자널로 된 벽체이다. 주줄적 의미(액을 막아 주는) 또한 없다고 볼 수는 없으며 모양은 다양하다. 끝자르기는 주로 아름다움을 강조하여 현수곡선법을 많이 사용했다.

[사진 154] 현수곡선법을 이용한 풍판 끝자르기

48. 지네철

지네철은 합각 부분의 박공널에 붙이는 것이다. 박공널의 벌어짐을 방지하기 위한 것도 있지만 주술적인 의미(지네의 근접을 막는)도 있다고 본다.

[사진 155] 박공널에 붙인 지네철의 모양인데, 앞서 논한 것과 같이 박공꺽쇠를 박기도 한다.

49. 닷집

닷집이나 운각은 사당이나 사찰에서 많이 볼 수 있다. 화려함을 강조하였으며 그 모양과 크기는 다양하다.

[사진 156] 고려 충신을 모신 사당의 닷집인데 전면 하단은 운각하고, 약식으로 닷집을 꾸몄다.

[사진 157] 부처님을 모신 닷집인데 화려한 폿집과 단청으로 꾸몄다.

50. 외엮기

외엮기는 우리 전통의 벽체이다. 인방 사이에 중깃대를 세우고 외를 엮어 황토와 짚을 섞어서 초벽치기, 맞벽치기, 재사벽 바르기 순서로 벽을 만든다. 외엮기 재료는 주로 대나무를 사용했지만 지방에 따라서 또 다른 재료를 사용하기도 했다.

[사진 158] 중깃대를 세운 상태와 외를 엮어 놓은 상태

51. 불벽

불벽(포벽)은 폿집에서 볼 수 있다. 주심 부분에 장여와 첨차를 설치하고 나머지 공간을 흙으로 벽을 만들어 그 위에 단청으로 마감하는 방법이다.

[사진 159] 부처님의 형상을 그린 부분이 불벽이다.

52. 당골벽

당골벽(연골벽)은 도리 위의 서까래 사이를 막는 것이다. 시공 순서로 산자널을 덮기 전에 막아 두는 것이 좋다.

[사진 160] 서까래를 걸고 그 사이에 흙으로 막는 것을 당골벽이라고 한다.

[사진 161] 오량도리 위에도 당골벽을 해야만 미적인 측면도 살릴 수 있고 바람도 막을 수 있다.

[사진 162] 당골벽을 시공해야 하는 시점의 서까래 시공 상태

53. 장독대

장독대는 햇볕이 잘 드는 곳에 설치하는 것이 좋다. 우리 전통 음식을 보관하기에 적당한 공간이다.

[사진 163] 홍의 장군 곽재우 생가에 있는 장독대. 흙돌담 위에 기와를 잇고 와구토를 바른 모양이다.

54. 돌담, 석축

돌담과 석축은 우리 전통 형식이며 모양 또한 다양하다.

[사진 164] 경남 고성에 소재한 경남한옥학교 가까운 학동 마을에 있다. 자연석으로 쌓은 돌담길

[사진 164-1] 집의 내부와 외부에는 박석도 깔았으며 기단을 쌓고 주초와 댓돌, 계단석을 놓았다.

[사진 164-2] 이괴석쌓기와 사괴석쌓기를 병형해서 쌓은 석축의 형태. 뒤쪽 멀리 보이는 것은 호박돌로 쌓은 담장의 형태이다.

[사진 164-3] 정원석쌓기의 형태. 계단식으로 층을 두고 쌓은 후 사이사이에는 작은 나무, 혹은 꽃을 심기도 한다.

55. 흙벽돌집

한옥 형식으로 짓지만 난방을 위해서 벽을 흙벽돌, 또는 황토벽돌로 쌓고 재사벽을 바른다. 내부 모양에 연연하지 않는다면 벽의 두께는 얼마든지 조절할 수 있다.

[사진 165] 경남한옥학원 원생들이 거제시 삼문동에 협력해서 지은 황토집

56. 폿집짓기

폿집이란 여러 개의 부재를 쌓아 올려 꾸미는 형식이다. 여러 부재를 높이 쌓아 올리는 특성상 정확한 치목(머리카락 두께의 먹줄을 반으로 잘라야 한다.)을 필요로 한다.

기둥은 배흘림으로 하는 것이 최상이지만 민흘림, 또는 평기둥을 세워도 된다. 그래도 기둥 크기는 크게 쓰는 것이 폿집과 어울리며 귓기둥의 화통가지가 두툼하여 견고하기도 하다.

기둥 위에 상인방과 창방이 조립되고, 평방은 창방과 상투촉을 심어서 결구한다. 평방 위에 촉을 심어서 주두를 얹고 첨차와 살미를 교차, 양갈소로와 십갈소로에 촉을 심어서 번갈아 놓으며 쌓아 올린다. 주심소첨과 쇠서를 짜고, 주심대첨과 살미첨차와 내, 외 1출목을 짜고 주심장여와 외 2출목첨차, 내 2출목장여 순서로 3포, 5포, 7포, 9포, 11포 등으로 짜서 올린다. 폿집에는 주심포와 갖은포가 있다. 주심포는 기둥 위에만 포를 짜올리는 방법이고, 갖은포는 기둥과 기둥 사이에도 포를 짜올리는 방법이다.

이때 귓기둥에 안쏠림이나 귀솟음을 주는데, 그 치수에 따라서 포부재 또한 각도를 주면서 치목해야만 한다. 포부재는 기둥과 다른 각도의 수직으로 바로 짜서 올려야 하기 때문이다.

평기둥의 포부재에는 첨차와 살미 외에도 안초공과 행공이라는 것이 있다. 행공은 외목장여와 함께 외목도리를 받는 부재이다. 크게 하중을 받지 않는다. 안초공은 기둥머리에서 창방과 평방이음을 감싸고 쇠서 밑까지 올려받는 부재이다. 이는 평방이음을 보강하는 목적의 부재이기도 하다.

그 외에도 승두는 대들보 위에 얹어 내출목 도리를 설치하는 것이다. 순각판은 출목장여와 장여 사이를 막는 널이다. 앙서는 끝이 위로 치켜 올려진 부재이고, 수서는 끝이 아래로 숙여진 부재이다.

[사진 166] 1출목 이익공집에서 두공첨차와 1출목첨차 및 소로의 결구

✱조각할 때 응용하세요

상서로운 4가지 동물은 용, 봉황, 기린, 거북으로 꼽는다. 이 중에서 아무도 본 적 없는 상상의 동물인 용을 조각할 때, 용의 생김새는 다음과 같이 응용하면 멋진 작품이 될 것으로 믿는다.

몸에는 81개의 물고기 비늘이 있어야 하고, 머리는 낙타 모양으로, 뿔은 사슴뿔 모양으로, 눈은 토끼의 눈, 귀는 소의 귀를 닮아야 하고, 이마는 뱀의 이마, 발톱은 매의 발톱, 발바닥은 호랑이 발바닥, 배는 이무기의 배를 닮게 해 본다.

[사진 167] 갖은5포집에서 창방, 평방, 이방(고삽) 등으로 결구된 귀포 부분이다. 초새김(포부재에서 요철로 입체감을 주는 조각법)과 약식으로 눈(포부재 가장자리를 따라서 선을 그리듯 새기는 방법)을 넣는 방법도 있다.

[사진 168] 귀포 부분의 조각된 창방의 머리와 평방의 머리

[사진 169] 귀포 부분의 평방과 창방은 조각하지 않고 통으로 조립되어 있는 모양의 양두이다. 귀포 부분에는 이방(고삽)과 한대라는 부재가 있다. 이방은 포부재가 앞으로 쏠리지 않게 평방 머리에 대각으로 설치하는 부재이다. 한대는 통상 귀한대라고 하는데 귓기둥의 대각으로 빠지는 긴 살미의 포부재이다. 그 외 귓기둥에는 대접소로라 하여 접시 모양의 소로가 한대를 받치는 역할을 하고 있다.

[사진 170] 육모정에 설치한 반자틀과 추녀와 사래 모양

[사진 171] 육모정에 설치한 운공

[사진 172] 기둥머리에 창방과 평방을 감싸게 설치한 안초공

[사진 173] 종각의 기둥에 홈을 파서 설치한 기둥 안초공(운각)

[사진 174] 귀포 부분의 조립 과정

[사진 175] 기둥과 포부재 조립

[사진 176] 완성된 갖은3포집

[사진 177] 평기둥 포부재 조립

[사진 178] 조립하고 있는 기둥과 포부재

56. 지붕잇기

바닥기와란 현장에서 많이 쓰는 용어이다. 암키와를 전체 바닥에 깐다고 바닥기와라고 한다. 한 장씩 말할 때는 암키와라고 하고 그 암키와를 지붕 위에 전체적으로 잇기할 때는 바닥기와라고 부른다. 바닥기와를 모두 시공한 후에 숫기와 잇기를 한다.

기와잇기에는 2장걸이, 2장반걸이, 3장걸이가 있다. 와정 대신 요즘은 와끈(동선으로잡아맴)을 주로 쓴다.

[사진 179] 바닥기와를 깔 때에는 무게를 한 곳으로 쏠리게 하면 집이 돌아갈 우려가 있기에 지붕 전체에 골고루 하중을 실어야 하며, 적심 위에 강회다짐을 한 후에 흙으로 기와잇기를 한다.

[사진 179-1] 흙담 위에 기와잇기를 한 모양인데 기와 끝에 하얗게 바른 것이 와구토라는 것이다. 와구토 대신 막새기와를 쓰는 경우도 있다. 서까래 사이에 회반죽으로 막은 것을 당골벽이라고 한다.

58. 용두

용두는 지붕 용마루 양쪽 끝에 망와 대신 얹는 것이다. 용의 머리 모양이라 용두라고 한다. 내림마루에는 망새 대신 귀면기와를 쓰기도 하며, 추녀 마루에는 잡상이라는 것을 얹기도 한다. 잡상을 얹는 지붕은 주로 규모가 큰 건물이며 양성바르기를 하는 곳이 많다.

[사진 180] 용마루에 얹은 용두의 사진이다. 용은 상상의 동물이기에 꼭 이렇다라는 형상은 없다. 이는 목재를 조각할 때도 적용된다.

[사진 181] 잡상(선인상, 손행자, 저팔계, 사오정, 마하상, 아산갑…)과 용두, 치미를 얹어 시공한 건물

[사진 182] 추녀 마구리에 붙인 귀면기와

59. 치미

치미 또한 용마루 양쪽에 얹는 기와인데 매의 날개를 본떠서 만든 것이 많다.

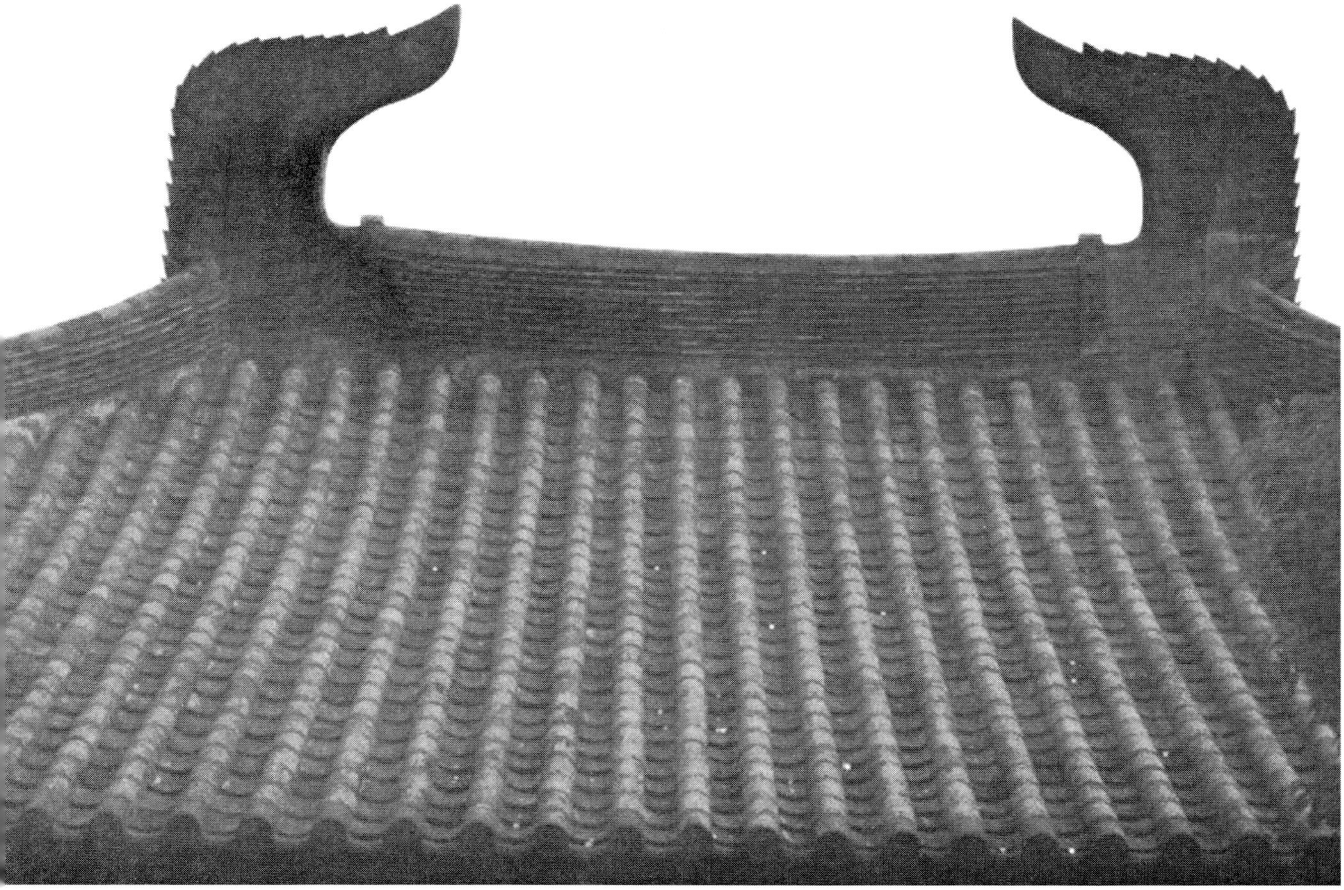

[사진 183] 중국의 건물에서 보는 치미

60. 한옥의 수납 공간

1) **선반** : 생활 용품을 올려놓기 위해 까치발을 벽에 붙이고 그 위에 널을 올린 것인데 주로 내부 공간의 작은 수납 공간이다.

[사진 184] 통나무집 펜션 내부의 선반

2) **시렁** : 살강이라고 하기도 하는데 선반과 같은 용도이다. 주로 가볍고 큰 물건을 올려 놓는 외부의 큰 수납 공간이다.

[사진 185] 경남한옥학교 내 외부 시렁

3) **횃대** : 방 안에서 사용하는 것으로 대나무 양끝에 줄을 매고 그 줄을 벽에 고정하여 늘어뜨린 것이다. 옷을 길게 접어 걸어 두는 일종의 옷걸이 역할을 하는 것이다.

[사진 186] 경남한옥학교 사무실 내 횃대

4) **벽장** : 벽을 뚫어서 만든 것처럼 작은 공간이다. 밖으로 돌출되게 공간을 만들고 벽면에는 문을 달아 사용하는 실내의 작은 수납 공간이다.

[사진 187] 판자로 만들고 안쪽은 종이를 바른 또 다른 벽장

5) **반침** : 하인방에서 도리 밑까지 틔워 놓고 밖으로 돌출하여 벽을 쌓고, 도리 밑에는 문을 달아서 덩치가 큰 이불이나 생활 용품을 넣어 두는 수납 공간이다.

[사진 188] 크게 만든 벽장인데 이런 벽장이 방바닥까지 내려왔다면 반침으로 본다.

6) **봉창** : 흙담집에 주로 설치한다. 나무로 듬성하게 문살을 세우고 창호지를 바르는데 고정창으로 되어 있어서 환기보다는 실내가 어두운 것을 보완한 것이다. 봉창턱에는 자주 사용하는 작은 물건을 올려놓기도 했다.

[사진 189] 흙담의 봉창에는 문은 없고 고정의 문살을 엮어 창호지를 발랐다. 흙담의 봉창과 다르게 문이 있는 봉창은 벽이 얇은 편이다.

61. 구들놓기

구들돌은 불에 튀지 않아야 한다. 이맛돌을 제외한 구들돌은 너무 두껍지 않아야 쉽게 데워진다. 옛날에는 주로 청석을 썼지만 요즘은 장방형으로 만들어져 있는 화산석을 많이 사용하고 있다.

구들놓기 방식에는 일자구들, 부챗살구들, 허튼구들 등이 있는데 이는 구들돌 모양에 따라서 선택해야 한다. 굴뚝 게자리와 구들 게자리(회골)를 깊게 파야 하는데, 너무 깊으면 불이 쏠려들어갈 우려성도 있다.

아궁이가 끝나는 부분에는 불넘기를 설치해야 불의 빨림 현상이 원활하게 이루어진다. 2개의 방을 하나의 아궁이로 난방할 때는 2방의 가운데쯤 불모음 게자리를 둥글고 낮게 설치해야만 먼 곳까지 데워지는 역할을 할 수 있다.

[사진 190] 구들을 놓기 위해서 준비해 둔 재래식 구들돌

[사진 190-1] 경남한옥학교 휴게실에 쓸 구들돌

62. 이엉엮기

초가지붕에는 이엉을 엮어 얹는 것이 우리의 전통 방식이다. 이엉에는 용고새(용고름)틀기(만들기)와 이엉엮기가 있다. 이때 짚은 겉잎을 추려서 쓰는 것이 좋다. 엮어 놓으면 풀리지 않게 엮는 것이 기술이다.

[사진 191] 경남한옥학교에서 실습하는 이엉 및 용고름틀기

[사진 191-1] 이엉엮기 및 용고새 만들기 실습 작품

63. 드잡이 연장

한옥을 걸려서 옮기거나 기울어진 것을 바로 세우는 일을 드잡이라고 하는데, 우리의 전통 방법은 물레(회롱기)와 도르래, 그리고 이맞대를 사용하였다.

[사진 192] 전면 모양의 회롱기(물레, 혹은 얼레)

[사진 193] 회롱기의 측면 모양이다. 땅에 고정시키고 여기에 줄을 감는데, 윗부분의 구멍에 긴 막대를 끼워 돌린다.

[사진 194] 이맞대와 도르래, 목도로 옮기지 못하는 무거운 재료를 옮길 때 사용한다.

64. 현장에서 자주 쓰는 한옥 용어

ㄱ자 각을 내거나 치수를 잴 때, 또는 선을 그릴 때 사용

가심질 바심질 뒷단계로 깨끗하게 마무리하는 일

가화 빛넣기 후 문양을 그리는 일

갖은폿집 기둥과 기둥 사이의 평방 위에도 포가 짜여진 집

개미허리 사래 배꼽 부분의 초매기가 걸리는 부분

개탕 좁고 길게 파내는 홈

객사 다른 지역에서 출장온 관원을 묵게 하는 집

겉목 변재라고도 하는데 나무 중심 변두리의 목재

겹처마 서까래 위에 부연을 시공한 처마

고막이 하인방과 지면 사이를 막는 것

고미반자 반자틀을 서까래 방법으로 수평으로 짜고, 산자를 엮어 흙으로 덮고 치받이를 한 천장

고삽 회첨추녀 끝에 기와를 잇기 위해 설치하는 삼각형의 부재

고주 내진주의 형태인데, 집의 규모가 큰 곳에 대들보가 외진주(주심기둥)까지 미치지 못할 때 세우는 동자주 높이의 기둥

구새 수심부가 썩어서 목재 내부에 생긴 구멍

귀한대 폿집에서 귓기둥 위에 45도로 얹히는 부재

그레질 그렝이 뜬다라고도 하는데, 올록볼록한 면에 맞게 붙이기 위해 다른 부재에 그리는 것

기단석 기단을 쌓는 돌인데 한벌대, 두벌대 등으로 구분

꽃살 꽃의 문양으로 조각한 문살의 문

끌 홈을 파거나 따내기할 때 사용

너새 합각 위에 물매와 직각 방향으로 얹는 기와

누각 높고 화려하게 지은 다락집

다래박공 솟을지붕에서 낮은 지붕의 가장자리에 붙이는 널

다림추 수직을 볼 때 사용

단순보 내밀어져 있는 보

단오첩 기둥에 붙이는 축시

닷집 불단 위에 따로 장식용으로 만든 집

당골막이 연골벽이라고도 하는데 주심도리, 또는 중도리 위에서 서까래와 서까래 사이를 막는 것

대웅전 사찰의 정당을 일컫는 말

대접소로 귀한대를 받는 사각, 또는 팔각의 소로

대패 평면, 또는 둥글게 깎아 낼 때 사용

더그메 지붕 밑과 천장 위쪽의 공간

동귀틀 장귀틀에 직각으로 좌우에 조립되어 마루널이 끼워지는 부재

동바리 다른 부재를 다시 받치는 데 쓰이는 짧은 기둥

동자기둥 중도리와 종보를 받는 짧은 기둥

두겁대 널벽 위에 가로로 대어 판벽의 물림이 되는 가로의 나무

두공 이익공집에서 주두 바로 위에 얹히는 부재

두장걸이 암키와를 절반씩 물려서 시공하는 방법. 두장반, 석장걸이도 있다.

둔테 판문을 달기 위해 하방과 상방에 덧대는 부재

딱지머름동자 머름의 바깥쪽에만 보이게 반쪽으로 끼우는 동자

뜬창방 중도리, 또는 종도리(마룻대) 밑에 설치하는 부재

막돌쌓기 무너지지 않도록 아무렇게 쌓는 돌

막장 선자서까래의 맨 마지막 서까래

말구 나무의 윗둥 부분인데 원목 재적수의 기준 직경이다.

말굽쇠 대문이 열리고 닫히는 것이 용이하게 하는 베아링 역할의 말굽 모양의 쇠

망새 내림마루 끝의 기와, 문양에 따라서 귀면기와도 있다.

망와 용마루 양쪽 끝의 기와. 용의 머리, 혹은 매(꿩)의 꼬리 모양이 있다.

망치 못을 치거나 끌 사용 때, 또는 목재 결구 때 사용

맞배집 추녀가 없이 박공널로 마감된 집

맞벽치기 초벽 반대편에 붙이는 흙. 또는 일

머름 문의 아랫부분의 문턱을 높게 만드는 것

머름착고 머름궁판이라고도 하는데 머름동자 사이에 끼우는 판자

먹통, 먹칼 치목할 부분을 표시, 또는 조립 때 부호를 표시할 때 사용

목기연 맞배집이나 합각지붕의 박공널에 직각으로 거는 짧은 네모 서까래

목도 무거운 것을 밧줄에 막대기를 끼워 어깨에 메고 옮기는 일

무절 옹이가 들어가지 않게 제재한 목재

문선 문을 달기 위해 좌우에 세우는 부재

문소란 문을 받아 주기 위한 문틀에 파낸 턱

미서기문 문틀이 있고 여러 개의 문이 겹쳐 옆으로 열리는 문

밀끌 면을 고를 때 쓰는 평끌

바닥기와 암키와를 지붕 전체에 잇고 있는 것을 말한다.

바심질 부재에 먹을 매긴 대로 깎고 다듬는 것

박석 마당 바닥에 깔아 놓는 판재의 돌

반침 주심 밖으로 물려 내어 이불과 큰 생활 물건을 넣어 두는, 벽장보다 넓고 방바닥과 같은 높이의 공간

반턱 서로 절반씩 따내고 맞추면 일치하는 턱

방구매기 초가 지붕의 귀서까래를 짧게 하여 귀쪽의 이엉을 둥글게 자르는 것

백골집 단청을 하지 않은 집

벌구 원구라고도 하는데 벌목 때 도끼로 쳐서 자른다는 뜻이 있는 나무의 밑둥 부분

베개보(헛보) 대들보의 또 다른 보조 역할이며 보에 직각으로 건너댄 보

벽선 벽이 너무 넓어서 흔들리지 않게 중간에 세우는 인방 두께와 같은 부재

벽장 벽을 뚫어 낸 것처럼 바닥에서 뜨고 주심 밖으로 내민 공간

변상주 눈썹을 붙인 집에서 괴침목을 깔고 그 위에 세우는 천장 안에 있는 동자기둥(대공)

복화반 위쪽이 좁게 된 모양의 화반

봉당 툇마루를 놓지 않고 그냥 흙으로 된 기단 위에 바닥이 흙으로 된 방

부고 부와라고도 하는데 숫기와를 옆으로, 또는 덮어서 시공

부토 알매흙 위에 다시 바르는 흙. 강회다짐이라고 하는 흙얹어깔기

분합돌쇠 분합문을 접어서 걸 수 있게 천장에 매달아 둔 쇠로 된 부재

붙박이창 문틀에 고정하여 여닫지 못하게 된 창

빛넣기 부재에 바탕색을 칠하는 것

사개 네 갈래로 오려 낸 부분. 기둥의 화통가지 등을 말한다.

사괴석 한문으로 넉사자 모양의 돌, 또는 그렇게 쌓는 것

사당 조상의 신위를 모시는 집

산지 나무로 만든 못

살미 폿집에서 도리 방향에서 직각으로 짜인 촛가지를 내민 부재

상량대 상량장여를 말한다. 상량문의 분량이 많을 때는 상량도리(종도리)에 홈을 파서 넣고 상량장여에는 간이로 쓰기도 한다.

서원 선현을 모셔 제사 지내고 자제 교육에 쓰인 집

성가퀴 여장이라고도 하는데 성벽 위에 쌓은 낮은 담장

세모못 우리 전통의 재래못. 긴 세모 모양으로 잘 빠지는 것이 흠이다.

소란대 이음새 끝머리에 덧대는 가느다란 나무

소매걷이 대들보가 기둥보다 클 때 큰 부분을 둥글게 깎아 내는 것

소슬동자 머름동자 위쪽에 연귀가 들어간 동자

소절 작은 옹이만 있는 목재

속목 심재라고도 하는데 나무 중심 부분의 목재

쇠시리 모를 깎거나 오목이나 볼록으로 모양지게 하는 것

수서 쇠서의 끝이 아래로 향한 모양

수장목 큰 부재의 체목이 아닌 내부용 작은 목재

순각판 출목이 있는 폿집에서 주심장여와 외목장여 사이를 덮는 판자

십장걸이 선자서까래를 시공할 때 그 서까래의 수가 10개라는 말

쐐기 밑이나 옆에 끼워 박는 세모로 빗깎은 나무의 쪽

안초공 기둥머리 부분에 창방과 평방, 주두 밑까지 직교하여 짜여 있는 부재

알매흙 외를 엮은 뒤 치받이를 위해 지붕 위에서 바르는 흙

앙서 쇠서의 끝이 위로 뻗은 모양

앙토 흙덧붙이기(치받이)

양성 용마루 밑에 착고기와를 쓰지 않고 회벽으로 처리된 부분

양정 신식으로 된 길고 큰 쇠못

어미동자 기둥 바로 옆에 붙여 세우는 나비가 넓은 동자

엄지기둥 난간의 끝, 또는 모서리에 세우는 굵직한 난간 기둥

여닫이문 한 편으로 돌려 여닫는 문

여모귀틀 면귀틀로 불리기도 하는 대청마루 전면 기둥과 기둥 사이의 귀틀

여물 벽이 갈라지는 것을 방지하기 위해 흙이나 회반죽에 넣는 섬유 재료. 짚여물과 삼(대마의 껍질)여물로 나뉘는데 흙벽과 재사벽에 쓰인다.

연귀이음 두 부재의 끝맞춤에서 마구리가 보이지 않게 45도로 맞추는 이음

연등천장 서까래가 보이게 치받이를 한 천장

연암 암키와를 받기 위해 평고대 위에 덧대는 부재

연침 서까래의 위쪽 끝을 결구하기 위해 서까래 끝에 구멍을 뚫어 끼우는 부재(대나무편 또는 싸리나무, 참나무 등)

오량집 처마도리, 중도리, 종도리(마룻대)로 구성되어 도리가 다섯으로 꾸며진 집

와구토 처마 끝의 숫기와 구멍을 회, 또는 흙으로 막는 것

왕지도리 귀 쪽의 도리가 연귀로 결구된 모양

외 벽에 흙을 바르기 위해 세로나무(중깃대)를 세우고 가로의 편을 엮는 재료

용고새(용마름) 초가의 지붕마루

용지판 삼문의 담장이나 화방벽을 쌓을 때 기둥에 벽의 높이로 붙이는 널

우마 치목 때 재료를 얹는 도구

우물마루 마루귀틀을 짜고 짧고 넓은 널을 끼워 넣는 넓은 마루

우물반자 반자살을 네모로 짜고 그 위에 널을 덮는 천장

우미량 도리나 보에 걸쳐대어 동자기둥(대공)에 얹히는 보

우진각집 일명 모임지붕이라고도 하는데 합각이 없는 집

운공 장여와 직각으로 짜여서 외목도리를 받는 부재

원두정 머리가 둥글게 된 못

원산 4짝 미서기문, 또는 두 짝 미닫이문 홈대 중간에 박아 문닫는 위치를 일정하게 하는 부재. 대문에도 적용

이괴석 한문으로 두 이(二)자 모양의 돌, 또는 그렇게 쌓는 것

이방 고삽이라고 하는데, 귀포의 평방 위에 얹어 귀한대를 받치는 부재

이익공 익공의 쇠서가 두 겹으로 짜인 집

인방 벽을 치거나 문을 내기 위해서 기둥과 기둥 사이에 건너지르는 부재

자네치장애 수평으로 1자에서 4치 올리는 물매잡기의 용어

잡상 추녀마루 기와 위 동물 모양의 형상. 선인상, 손행자, 저팔계, 사오정, 마하상, 아산갑 등

장귀틀 기둥과 기둥 앞뒤 사이로 건너질러 좌우로 동귀틀을 받는 부재

장부 부재의 끝을 가늘게 만들어 다른 부재의 구멍에 끼우는 촉

장여 도리를 받고 있는 도리와 나란한 부재

장지문 방과 마루 사이에 있는 문

장화반 긴 널에 여러 개의 화반을 새긴 것

재사벽 고운 흙으로 초벽과 맞벽 위에 매끈하게 덧바르는 벽

전각 임금이 거처하는 집인데 궁전이라고도 한다.

절병통 탑이나 정자의 뾰족한 부분에 덮어씌우는 기와

정자 산수가 좋은 곳이나 정원 안에서 쉬거나 즐기는 용도의 집

제공 폿집에서 첨차와 살미가 1벌로 짜여진 것

조로 평고대 추녀 쪽에 시공하는 휘어오른 평고대

주두 기둥머리에 얹히는 사각의 부재

주련 기둥에 붙이는 시의 연구

주먹장이음 주먹장부를 내어 물리는 이음인데 끝이 넓고 안이 좁게 만드는 촉

주선 기둥 옆에 붙여 벽이 시작되는 부재

주심포집 기둥 위에만 포가 짜여진 집

중깃대 외를 엮기 위해 인방 사이에 세우는 인방 두께의 3분의 2쯤되는 두께의 나무

중방 벽의 중간 부분에 기둥과 기둥 사이에 설치하는 부재

지대석 땅 속에 박는 기초가 되는 돌

지옥장부 반닫이 장부로 장부의 끝에 쐐기를 미리 박아 놓고 통으로 처넣어 벌어지게 하는 방법의 장부

집부사(집우새) 집삽이라고 하기도 하는데 박공널 안쪽에 거는 굵고 큰 서까래

착고 작고 좁은 공간을 막는 부재. 수직으로 막는 것

찰주 탑, 또는 정자 건축에서 중심 부분에 허공에 띄워 시공하는 기둥

첨차 도리와 나란하고 촛가지와 직교되는 부재

첨차의 눈 첨차 가장자리 조각선을 따라서 띠 모양으로 선을 그리듯 조각하는 것

청방 누각에서 누하주와 누상주를 연결하는 귀틀 밑의 부재

초벽치기 벽에 엮은 외 안쪽에서 붙이는 흙. 또는 일

초익공 익공의 쇠서가 하나로 된 집

초장 쪽연(반쪽서까래) 다음에 걸어가는 서까래

초제공 폿집에서 제일 밑에 짜인 주두 바로 위의 제공

촛가지 도리 방향에서 직각 방향으로 짜인 부재

춘양목 경북 춘양 지방에서 생산되는 소나무

턱솔깎기 이음쪽매의 솔기 부분에 턱진 것을 깎아 내는 것

턱솔이음 짧은 촉을 내어 다른 부재에 물리게 하는 이음. −자, ㄱ자, ㄷ자, +자, ㅁ자 등이 있다.

토수 추녀나 사래 끝에 씌우는 기와. 용머리, 또는 거북 모양이 있다.

톱 자르거나 켤 때 사용

통넣기 부재의 끝을 그대로 다른 부재에 홈을 파고 통으로 넣는 것

통머름 동자를 쓰지 않고 긴 널을 쓰거나 벽으로 만든 머름

툇마루 좁고 길게 된 툇칸에 한 우물로 놓는 마루

파련대공 초엽 무늬를 새긴 판대공

판벽 널을 붙여 만든 벽

팔작집 모임지붕 형태에서 합각이 있는 집

풍판 박공벽, 또는 합각벽을 가리운 널벽의 총칭

합중방 머름을 쓰지 않고 중방이 넓게 보이기 위해 중방 위에 덧대는 부재

해초풀 친환경 접착제(바다풀을 삶은 물)로 쓰이며 재사벽을 매끈하게 하는 역할도 한다.

행공 주심포에서 외목도리 밑에 짧은 장여 모양으로 받치는 부재

행궁 임금이 임시로 머무르는 별궁

향교 문묘와 그곳에 딸린 학문 교습소

화반 창방 위에 얹히고 장여와 도리를 받는 부재

화방벽 외부 화재로부터 보호하기 위해 중방 높이로 흙과 돌로 쌓은 외벽

회랑 정당의 전후, 좌우에 있는 기다란 통로를 씌운 집